JN194715

ようこそ、あたしのお家(うち)へ

みけちゃん、
番傘を背景に振り袖姿でお出迎え

手を組んで
真剣な眼差し

玄関に座って
おすまし顔

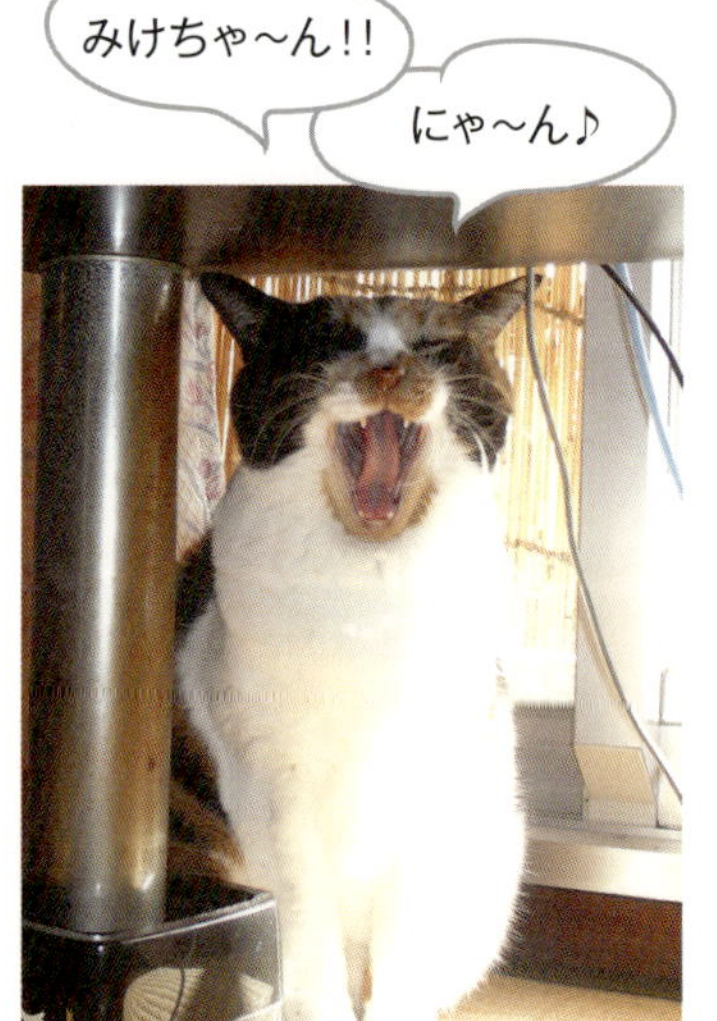
みけちゃ～ん!!
にゃ～ん♪

ドレスアップの
みけちゃん

身だしなみが気になるお年頃

大好きな煮魚を狙うみけちゃん

モデルはまかせて

庭の紅葉(もみじ)とみけちゃん

みけ

みけちゃん永遠物語

目次

村上家の３姉弟

みけちゃん（三毛猫）

1998年11月１日～2024年５月27日
25歳６ヶ月で天国へ。
社交的で愛情深く、弟想い。
美意識高い系女子。
お喋り好きで聞き上手。
25年間、たくさん女子トークしたよ！

ピース（アメリカンショートヘア）

2011年３月４日生まれ（推定）
神経質で人見知り。
抱っこは苦手だけど
膝の上に乗って甘えるのは大好き。
一人の時間が大切で
縁側から庭を眺める時間も好き。

パレオ（サバ白）

2012年９月28日生まれ（推定）
好奇心旺盛で飽きっぽく、
超甘えん坊でマイペース。
引き戸は開けるしなんでも食べたがる。
たぶん猫の自覚がない。
おなかが弱く、よく体調を崩す。

プロローグ

２０２４年の春は特に異常気象で、愛猫たちの体調に気をつけなあかんわ、と夫と話していたのだけど、５月に入ってからは例年に比べ暑い日が多く、一日で10度前後の差があったりして人間のみならず猫たちにもなかなか厳しい日々だった。

５月27日

前日までの数日は、かき氷が美味（おい）しいくらい季節外れの暑さだったのに、27日は朝から雨で薄手の上着を羽織るくらい肌寒く、この気温差はみけちゃんに厳しいなと思いながら過ごしていた。

そしてこの日は私も朝からなんとなく体調が悪くて変だなと思っていたのだけど、まあお天気も悪いしこんなもんかとさほど気にせずにいた。

しかし午後になってもどうにもだるく熱っぽい。

頭痛持ちではあるけど普段滅多(めった)に熱を出さない私。しかしこれは、この感覚はもしやと思って検温すると37・6度。

あらら、熱あるやん。平熱が35度台の私にはなかなかの発熱やわ。

ということで、みけちゃんと一緒にホットカーペットでぬくぬくしながら、

「みけちゃん、かわいいなあ」

「みけちゃん、ふわふわやなあ」

「みけちゃん、かあちゃんお熱あるっぽいわ」

「みけちゃん、今日はちょっと寒いなあ」

「みけちゃん、雨いややなあ」

と、モフモフしたみけちゃんを撫(な)でながらごろごろしていたのだけど、仕事も待ったなしだったので、

「みけちゃん、ちょっと待っとって。かあちゃん仕事してくるわ」

と言い、起きて仕事部屋へ行った。

それから約3時間後、お昼寝から起きてきたみけちゃんがおしっこをしたのでおむつを交換。

そのあとも部屋を歩き、時々立ち止まって力み、うまくウンチが出ずまた歩き力むを繰り返していたけど出なくて、しんどそうにしていたからおなかをマッサージした数分後にやっとすっきり。

起きてからウンチが出るまでにかかった時間は30分くらいで、おむつを交換してホットカーペットに連れて行き「みけちゃん、えらかったなあ」と言った直後、みけちゃんの呼吸が速くなっていることに気がついた。

すぐ病院に電話をしたら「至急連れてきて」とシゲ先生の少し焦った対応に一瞬ひるんだ。とにかく早く連れて行かなくてはと急ぎ病院へ行くと、先生も看護師さんも待ち構えていたくらいの勢いで出てきてくれた。

家を出る前はぐったりしていたみけちゃんだけど、診察、注射と点滴の処置をしてもらうと、「お家(うち)に帰ろ」といわんばかりにみずからキャリーバッグに戻り落ち着いていた。

だけど、先生からは脈が弱くなって心音も小さくなっていると告げられ、病院のスタッフみんながみけちゃんを見に来てくれたから、私もどこかで、〝そういうことなんかな〟と理解する気持ちと、処置してもらったし、きっと持ち直してくれると思う気持ちが交錯していた。

19時ごろ病院から帰り、みけちゃんをホットカーペットに寝かせると、落ち着いたように、持ち直したように見えた。でも1時間くらい経った頃浅くて速い呼吸になってきて、

「みけちゃん、ピースとパレオ、とうちゃんとかあちゃん、みんな側におるよ。みけちゃん、一人じゃないよ。みけちゃん、大好き。みけちゃん、ありがとう、みけちゃん、大丈夫やでな」

と泣きながら声をかけ続け、頭を私の手のひらに乗せた。

呼吸が浅く弱くなってきたので、最後に大好きなバターをなめさせてあげようと思い、とうちゃんが持ってきてくれたバターを私の手に付けたら、もう動くのもしんどいはずなのに起き上がって、美味しそうにぺろぺろとなめ、ものすごく、ものすごく大きな声で「にゃあ、にゃあ」と鳴いた。

「みけちゃん、大好き」
「みけちゃん、ありがとう」
「みけちゃん、かあちゃんの子になってくれてありがとう」
「みけちゃん、みけちゃん、みけちゃん」

……行かんといて。かあちゃんを置いていかんといて。
もっと、ずっと側におって、と言いたい気持ちをぐっと
飲みこみ、
「みけちゃん、もう頑張らなくてもいいよ」

そういってゆっくり寝かせた数秒後、
23時50分頃、みけちゃんは静かに息を引き取った。

この日の朝も、みけちゃんはいつものようにテーブルに飛び乗り、バターをたっぷり塗

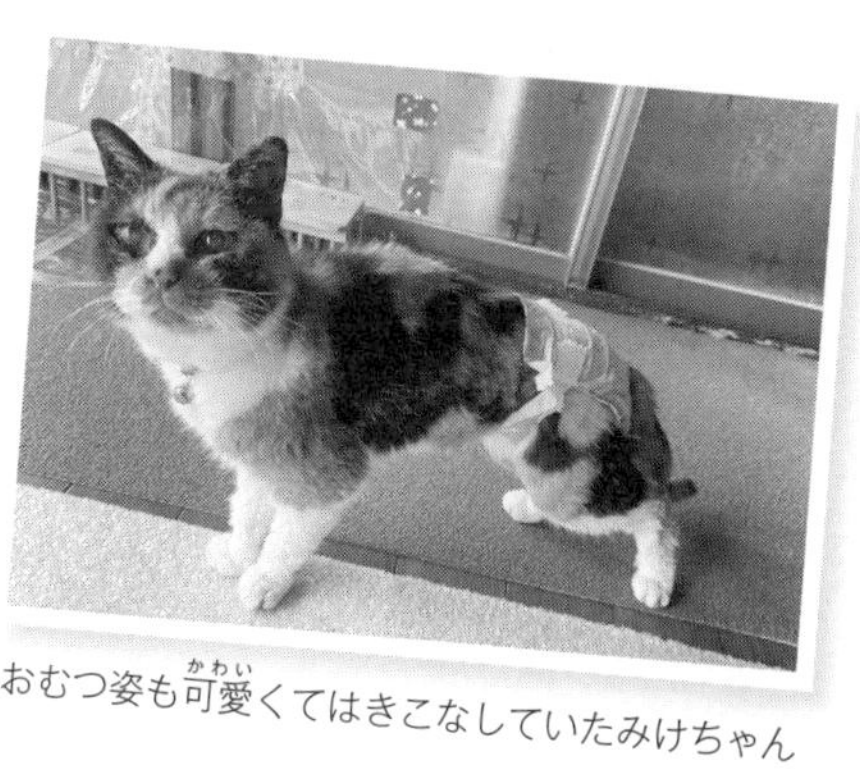

おむつ姿も可愛(かわい)くてはきこなしていたみけちゃん

ったパンを催促していたのだけど、ないと分かると不満そうに降りてホットカーペットで寝ていた。

そしてお昼には自分のご飯をペロリと食べ、ピースが残したご飯も「残したらあかんにゃわ」と美味しそうにカリカリと音をたてながら完食。

だから急変したことに驚き焦り、怖くて取り乱してしまったけど、みけちゃんは、自分の最後の日を分かっていて、その後の段取りもしっかり考えていたんじゃないかと思う。


みけちゃんが天に召されたのは月曜日の夜で日付が変わる少し前。

いくらなんでも翌日に葬儀場へつれて行くなんて早すぎるし寂しいし辛(つら)い。

さらにその翌日は葬儀場がお休みだったから三日後の午後に予約を入れた。


その間、家族揃(そろ)って一緒に過ごし、みけちゃんを可愛がってくれた人、みけちゃんが会いたいと思っているであろう人に連絡をしたら続々と皆さん会いに来てくれた。

みんなに撫でてもらい、手を握ってもらい、みけちゃんのことを話しながら、私たち家族以外にこんなに愛されているみけちゃん、すごいなと思った。

暑い日もあったけど真夏ではなかったこともあって、いただいたお花が長く持ったこと、柔らかなみけちゃんの体にドライアイスを当てるのはとても辛かったけど、私がお風呂に行く間と、家事をする間、それから食事をする時以外の三日間、寝る時もずっと手を握っていたから、みけちゃんの右手だけは硬直せず柔らかいままで、会いに来てくれた人みんな驚いていた。

そして、笑ってくれた。

みけちゃんのまわりはいつも、優しさと笑いがある。

みけちゃんってそういう存在なんだと思う。

葬儀の予定を入れたのは木曜の午後だったから家を出るまでの時間、季節ごと庭に咲く花、春は河津桜（かわづざくら）、それからバラ、あじさい、紅葉（もみじ）、いろんな季節に写真を撮った庭で最後の撮影をしようとクッションに寝かせたみけちゃんを抱っこして外に出た。

前日までの天気予報では曇りのち雨だったけど、午前中は穏やかな風が吹き、雲の隙間（すきま）から日が差してみけちゃん自慢の美毛も風に揺れキラキラしていた。

棺に入れようと用意したのは、
いただいたお花・庭のバラ・家族写真・お気に入りのおもちゃ・またたびキッカー・ウエットフード・その日飲む予定のお薬・クロワッサン・カツオ節・ドレス・振り袖・おむつ一枚・ちゅ～る。

少し早めに家を出て、みけちゃんと最後のドライブ。

みけちゃんが今まで住んでいた家、お花見に行った松坂城跡、病院までのドライブコースを見て回り、最後にずっとお世話になっていた病院へ行った。

木曜の午後は休診だし、前を通るだけにしておこうと思っていたらまだ開いていて、患者さんが居るかもしれないしダメ元で病院のドアを開けると、ちょうど最後の患者さんが出てくるところで、本当に最後の最後に先生や看護師さんに会ってもらって、撫でてもらい、見送ってもらえたこと、みけちゃんも嬉しかったと思う。

さすがみけちゃん！　と思わずにはいられなかった。


葬儀場に着くと、私たちで最後だから、ゆっくり最後の時間をすごしてもいいですよと言われ、みけちゃんとこれまで過ごした二十五年の日々のことを話し続けた。

だけど、長く話せば話すほど、このまま連れて帰りたくなりなかなかお別れができなくて、30分、1時間、どれくらい経っていたのか分からないけど、持ってきた花やおやつ、衣装などに埋もれ顔が隠れてしまいそうになっているみけちゃんをじっくり見つめ、もうこれで……と伝えた。

だけど葬儀場の方が「では……」とみけちゃんを乗せた台を押し私から離れていくことに耐えられなくなり、

「いや！　いや！　やっぱりいや！　みけちゃん連れて行かんといて！」

と叫びそうになった時、家で待つピースとパレオの姿が頭に浮かび、とうちゃんに支えてもらいながら号泣することしかできなかった。

少し雲が厚くなってきた空に一か所だけ青空が見えていた。

ゆっくり、ゆっくりふわふわと空に昇る煙を見ながら、あそこが天国の入り口で、みけちゃんが迷わないための目印かもしれないと思い空を見つめみけちゃんの姿を探した。

みけちゃんがいなくなった家の中はとても広く感じ、頭は靄（もや）がかかったように真っ白で時間も曜日も分からなくなって、ご飯も喉を通らなくなり涙だけがポロポロこぼれた。

みけちゃんが天国へ行く前から決まっていた東京出張。泣いてばかりで目が腫(は)れ肌も荒れこんな顔で上京できるのかという日々だったけど、これもみけちゃんは分かっていたんじゃないかと思う。

上京の日が近づくにつれ、私は連日泣くことがなくなってきて顔が戻りつつあり、出張当日には人前に出られるまでに戻っていた。

なあ、みけちゃん、全部分かってたん？

——かあちゃんのあの顔はひどいにゃわよ。

なあ、みけちゃん、いつでも帰ってきてな。

——あたしも結構、忙しいにゃわ。

なあ、みけちゃん、かあちゃんも会いたいよ。

これは私からみけちゃんへ、初めてのラブレターエッセイなのかもしれない。

どんな時でも側にいてくれたみけちゃん

1 みけちゃんと出会った頃の話

松阪市(まつさか)にある『牛銀(ぎゅうぎん)』という松阪牛を食べられるお店で、私は仲居をしていた。

一年ちょっと経った頃だったかな。忙しかった時間が過ぎ、帳場のすぐ横にあった火鉢にあたってのんびりしていたら、隣接する『レストラン牛銀』にいた男性（のちに夫となるとうちゃん）に声をかけられた。

「昨日、どっか行ってたん？」

「へ？　なんで？」

「いや、定休日やったから」

「ああ、津(つ)」

たぶん、警戒心マックスで超絶無愛想な顔をしていたと思う。

お座敷とレストランは外から見ると二軒に見えるけど、店の奥にあるドア一枚で行き来できるようになっていた。お座敷のお客様から要望があればオムライスなど注文ができたから知らない人ではなかったけど、そこまで親しく話したこともない人からいきなり声かけられたら誰だって警戒するよね！

それに幼少期に継母からの虐待や学校でイジメを受け続けてきた私は誰に対してもまず一枚二枚と心を壁でガードしてからでないと話せなかったし、まして自分から声をかけるなんてことできなかった。

え？　今と全然違うやんって？

そうよねえ。誰も信じやへんよね。まあ逆に、以前の私を知っている人もまた、今の私を見たら驚くだろうなあ。

接客業なのにそれでいいのかって？

それがお客様相手だと喋（しゃべ）れたんだなあ。自分で言うのもなんだけど、接客うまいなあ、なんてよく言われたのよ。

だけど何がどうなってそうなったのかよく覚えてないけど、仲居仲間が「あの二人をひっつけよう」と、昭和かよっ！　と突っ込みたくなるような策を練っていたと後に聞くことになった。

今みたいに携帯なんてない時代で、連絡手段といえば直接話すか固定電話。

私が体調を崩し仕事を休むと、大量に食材を買い込んでご飯を作ってくれたのだけど、
これがまさかの日本料理のフルコース。

元板前、本領発揮！

「ありがとう」とは言ったものの、こちら体調崩して寝込んでたわけよ。

ここはおかゆとかおじやとかうどんとか胃に優しいご飯だよねえ。

それがまさかの前菜から煮物に焼き物、揚げ物がテーブルいっぱいに並べられ、

「はい、作ったで食べるんやで。じゃ、帰るわ」

しかも、これ絶対一人分じゃないよねって量。

食べられるものだけつまんだら美味しかったんやけどね。

そうして何度かご飯を作ってもらい、また別の日には食事に誘われ、ワインの美味しさを教えてくれて、私が仲居仲間とみかん狩りに行った時にはとうちゃんが運転手にかり出されたりして一枚ずつ心の壁が取れ、距離もなんとなく縮まった頃、思わぬことを言われた。

「一緒に店しやへん？」

「へ？　店？」

知り合ってから二度目の「へ？」だった。

接客の仕事も好きだったし、休憩時間にみんなでおやつを食べながらわいわい喋ったりたわいもない話で笑ったり、辞めたい要素なんて一つもあらへん。

そんな楽しく居心地が良かった今のお店を辞めて店を……？

自分たちでお店をするのも同じ接客やん！

それなら全然問題ないやん！

やったらええやん！

楽しそうやん！

と、もう一人の私が言う。

いやいやいやいや。

そんな簡単ちゃうで。


なあ、みけちゃん。どう思う？

——どうって、あたしまだかあちゃんと出会ってない頃にゃわ。

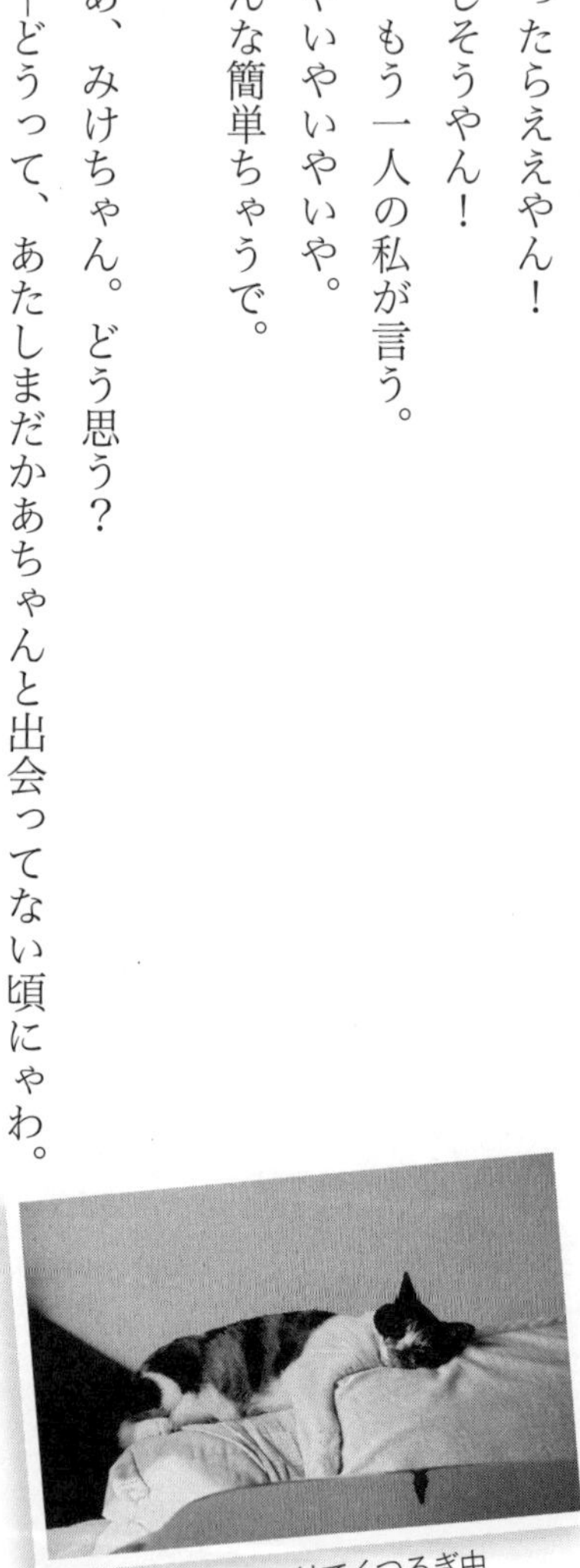
5歳頃　ソファのへりでくつろぎ中

ちょっと迷ったけど「やる」って返事したよ。

――知ってるにゃわよ。

みけちゃんは何でも知ってるなあ。


1998年5月にオープンした一品料理のお店は、元板前だったとうちゃんのこだわりで手の込んだメニューと全国から選(え)りすぐりの日本酒がずらり。

器や酒器も大量生産のものではなく、とうちゃんが独身の頃から全国を回り買い集めた作家の一点ものばかり。

私も仲居歴が長かったし、着物を自分で着られたから格好だけは若女将(わかおかみ)風。

もちろん素材からこだわって作った料理も、そりゃあ美味しかったのよ。

さてそのお店はと言うと、カウンター5席と四人がけの座敷4つ、初日から友人や知人、そしてご近所さんが来て大賑(にぎ)わい。

とうちゃんが作り私が運ぶ、二人でフル回転。

すごいやん！　大繁盛やん！

と思ったのは数日……。

一人減り二人減り、お客さんが0の日が多くなっていった。

大量の食材はとうちゃんと私のおなかに入り、時間を持て余し店で読書三昧。

しかも料理は手の込んだものばかり。

美味しいもん食べて本読んで極楽極楽って……あかんやん！


お客は来ぬが仕込みはあるわけで、カツオ節や昆布でしっかり取っていたお出汁のいい香りがしているのにお客さんが来ないのは気の毒だと思ったのか、毎日来るようになったのはトラ柄仔猫3兄弟。

まあこの子たちが個性的でね、どこの子か分からなかったけど開店時間が過ぎてお客さんが来てないことを確認すると、裏口に3匹揃ってやってきて並んでたのよ。

常連？　になってきたから勝手に名前をつけてご飯をあげていた。

『おおちゃこ』

よく言えば積極的なんやけどね、いつも先頭切ってこぼしながらガツガツ食べてた。

『やんちゃこ』

食べながら遊んでじゃれて隙あらば店の中に入ろうとしていた。

『のんきこ』

大人しい子でね。2匹が競争しながら食べてるのを後ろで見ててなかなか食べられなかった。

可愛かったし癒やされたしいい時間になったけど相手は猫。お代なんてもらえへんわな。


それから夏が来て、秋の気配が色濃くなってきた10月。

とうちゃんは、「一緒に店しやへん?」と言った半年前と同じように、「もう辞めるわ」と、これまた突然言った。

そうなんや。まあそりゃそうやわな。とうちゃんが言うんやったら辞めよか。

貯金は底をついていたけど、私は焼肉屋、とうちゃんは居酒屋と二人ともめでたくまかないつきの仕事に就いた。

ん? めでたいのか?

1999年
正月を迎え、桜が咲き、セミが鳴き、店を閉めてから一年。また秋がやってきた。

パートから帰った私は、秋とはいえ西日がイヤというほど当たり、一日中閉め切ってい
た6階の部屋の、むぅっとした空気を入れ換えようと窓を開け、チェーンロックをした玄
関を10センチほど開けて夕飯の支度をしていた。

ふと視界に動くものを見たような気がしてその方向を見ると猫がいた。

「ただいま〜」

「おかえり〜」

って、違うから！

いや、そうじゃない。


猫は私のことなんて全く気にとめず悠々と台所を横切り、いつもそうしているかのよう
にソファで寝始めた。

それはまるで、

「今日もたくさん遊んで疲れたわ」

とでも言うように。

ちょっと待って。
あんた誰？
あ、猫やな。
猫やんな。
なんで？
なんでなん。
どうやってきたん？
ってか、ここ6階やで。

仕事から帰ってきたとうちゃんも、猫がいることに驚きつつも、あまりにも気持ちよさそうに寝ている猫を見て追い出すことはせず、とりあえずご飯とトイレは用意せなあかんとドライフードと猫砂を買いに行き、段ボールに猫砂を入れ簡易猫トイレ完成。

ベランダで日向(ひなた)ぼっこ。気持ちいいね。

猫さん、もう玄関閉めますよ。お家帰らんでええんですか？

声をかけたけど猫さんはチラッと私を見ただけでスヤスヤ。

私たちがご飯を食べていても知らん顔。


「この猫さん、私がパートから帰ってくるといつも駐輪場におる子やわ」

「駐車場でも見たことあるなあ」

「近所の子どもの話やと、どこかの家の人が引っ越すのに置いていったって聞いたけど」

「そしたら帰る家あらへんやん」

「ああ、そうか。どうしよ」

私たちが話しているのを聞きながら、当の猫さんは静かに寝息をたてていた。


なあ、みけちゃん、なんでこの家にしよって決めたん？

——トラ柄の仔猫おったにゃわ？

えっ!?　お店？　まさか……。

——猫の世界にはネットワークがあるにゃわわ。

ああ、それでやな、って！

ええーーっ!!

しばらく様子を見ていたら、目が覚めた猫さんは前からそうしていたように、段ボールの簡易トイレを上手に使い、部屋の中を歩いていたのでおなかが空いたのかと思いご飯を用意したら美味しそうに食べ始めた。

「とうちゃん、この猫さん、なんか落ち着いとるよ。うちの子にする？」

「そうやなあ」

「でも私、猫と暮らしたことあらへん」

「なんとかなるんちゃう」

「せやな」

猫さんの耳がぴくっと動いた。

2歳頃　ゆがく前のパスタを飛ばし転がし遊ぶみけちゃん

2 みけちゃん流、人間との暮らし方

猫さんが「あたしこの家の子になります」と決めたのなら、まあそれもいいかなと思い人生初の〝猫がいる暮らし〟が始まった。

だけど当時の私は猫との接し方が分からず、とりあえずご飯とお水をあげて、トイレ掃除をし、時々遊んでみるだけで特別に愛おしいとか大切にしなきゃとか、守ってあげないととかあまり考えてなくて、突然やってきた同居人ならぬ、同居猫という感覚だったんじゃないかな。

たぶんそれは私の幼少期のことが大きく影響しているのだと思うのだけど、誰かに大切にされたとか愛情を受けてきたという記憶がないから、また傷つくんじゃないか、裏切られるんじゃないかと心にガードをしながら生きていたので人（この場合は猫だけど）に対して接し方がよく分かっていなかった。

だけど猫さんはそんな私の気持ちなんて全く気にとめる様子もなく、美味しそうにご飯を食べ、気持ちよさそうに日向ぼっこをしたりお昼寝をして、時々「撫でて」とすり寄り、撫でてやると喉をゴロゴロ鳴らし甘えていた。

にゃあ、と可愛く鳴き、尻尾(しっぽ)を私の手や足に巻き付け、まっすぐな目で見つめられると、日に日に愛情が増し、猫さんに魅了されるまでにさほど時間は必要なくて、猫ってなんて可愛いんやと、元々犬派だった私の心を完全に猫好きに、いとも簡単に変えていった。

いつまでも『猫さん』ではあかんし、名前をつけてあげないとなあと思いながら撫でていたある日、気がついた。

あら、猫さんケガしてるんちゃう？　膿(うみ)出てるやん！

オキシドールと胃腸薬、それから頭痛薬は常備してあったし、ケガにはオキシドールやなと思い付けてたら治った……ように見えたけど、あれれ？

数日経つとまたじゅわっと膿が出てきた。

これはあかんと、これまた人生初の動物病院へ行き診察してもらって分かったことは、ケガは上からガブリと犬に噛(か)まれたものであること、人間と違って、犬や猫は体の中に膿がたまって表面が治ったように見えても中からしっかり治さないと完治しないこと、猫さんは体が小さいけど1歳くらいであること。
保護した経緯(いきさつ)を話し、カルテに書く名前が必要になり三毛猫だから『みけ』と決まった。
覚えやすい
分かりやすい
間違えない
呼びやすい
これ大事！
猫の名前ってどうやって決めればいいのか分からなかったし、とにかく早くつける必要があり『みけ』にしたけど、今は自信を持ってこの名前で良かったなあと思っている。
だって、漢字で書いたら『美毛』やん。
美しいみけちゃんにぴったり！
『ミケ』じゃなくて、ひらがなの『みけ』
まあるい感じが可愛いでしょう。
それから誕生日は、病院に行ったのが11月だったから覚えやすいように11月1日に決まり、その日を境に私たちは、とうちゃんとかあちゃんになった。

病院で初めて、〝おかあさん〟と言われてもすんなり受け入れることができたのはきっと、数日間一緒に過ごす中で少しずつ積み重なっていた愛情があったからかもしれない。


そしてみけちゃんと暮らすようになってから初めて迎えたお正月。

地元の神社へ初詣(はつもうで)に行って～

おせち食べて～

ちょっとのんびりしよか～

なんて思っていたのだけどそれどころではなくなっていた。

みけちゃんが元旦早々、昼夜問わずものすごく大きな声で鳴き出したというか、鳴き続け、抱っこしてもダメ、あやしてもダメ、ご飯出してもおもちゃ見せても全く効果なし。

どっか痛いんやろか。

気分悪いんやろか。

病院休みやし、どうしよう。

二十五年前、パソコンもスマホもなくて調べることができず、ただただ不安であたふたするばかり。
そして三日後、休み明けの病院へ連れて行き診察の結果分かったことは、まさかの発情期。
どひゃあ！
初めて一緒に暮らす猫
初めての動物病院
初めて飲ませた薬
初めて迎えた発情期
みけちゃん、かあちゃんたくさんの初めてやったなあ。
考え方はいろいろあると思うけど、我が家が出した答えは、みけちゃんに子どもを産ませる選択ではなく避妊手術をすることだった。

病院で一晩お泊まり。
みけちゃんを置いて病院を出る時、みけちゃんがこっちをじっと見ている顔を見て、かあちゃん必ず迎えに来るでなって言うたけどちょっと辛かったよ。

――かあちゃん、『みけ』のほかに候補あったにゃわ？

うん、一応考えたよ。好きなアニメのキャラとか友達の犬とか猫の名前を参考にしたりとか。

――あたし、みけで良かったにゃの。

良かった！


なあ、みけちゃん、もしみけちゃんの子どもが生まれてたら、みけちゃんに似て美猫で、すっごーーーーーく可愛い子やったやろなあ。

――美人親子猫で有名だったかもにゃの。

みけちゃんが仔猫だった時の雰囲気が分かったかもね。

――でもかあちゃん、『～たら』と『～れば』まで言うてたらあかんにゃわ。

せやな。でも今みけちゃん『たら』って言うたよ。

――今のは関係ないにゃわわ。

こりゃ、失礼！

ヒーターよりお日様が好き

抱っこはみけちゃんも
かあちゃんも嬉しい
スキンシップ

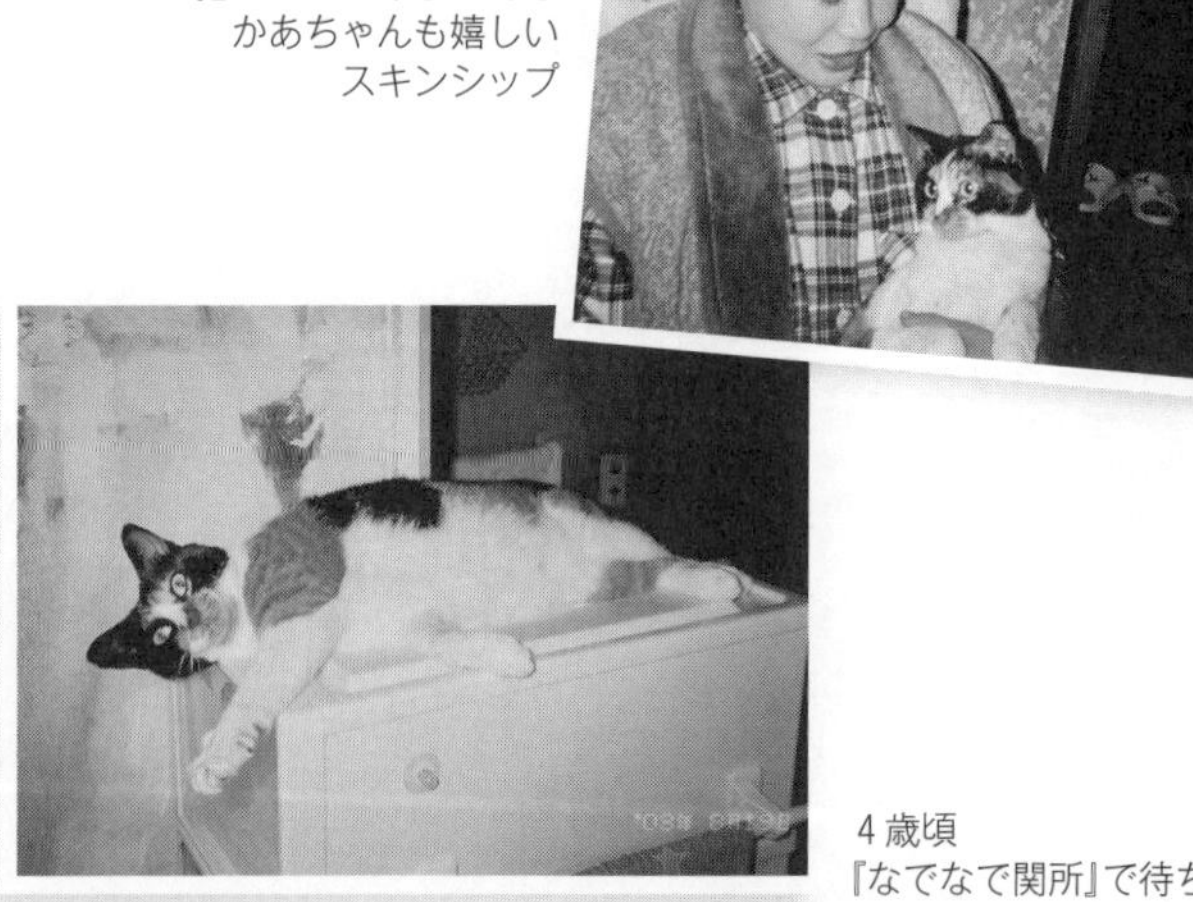

4歳頃
『なでなで関所』で待ち伏せ

私は子どもの頃、まともにご飯を食べさせてもらってなかったこともあって、日中一人で留守番をさせていたみけちゃんに、幼少期の私と同じようなひもじい思いをさせてはいけないと思い、毎日たっぷりのご飯とお水を用意していた。すると仔猫のように小さかったみけちゃんは、あっというまに体重が5キロになって、予防接種に連れて行った時には「もうちょっと痩(や)せよか」と言われるまで成長していた。

丸々していた姿も可愛かったけど遊びに来た友達に「でかっ！」て笑われたし、やっぱり健康第一やでな。

まず食事を少し減らしたんやったな。

みけちゃんがうちの子になるまで、私たちは何を話し、どんな会話をしていたのか思い出せないくらい、

みけちゃんのご飯が〜

みけちゃんが日向ぼっこしてて〜

みけちゃんがすごいダッシュして〜

日々がみけちゃん中心になっていった。

生活の中心がみけちゃんになっていく中、私はみけちゃんと過ごす時間が長くなるにつれ、仕事のことや今日あったこと、時々とうちゃんの愚痴などいろんな話をすることが日常になっていった。抱っこして話したり、おでこをひっつけて話したり、一緒に寝転んで話したり常にどこか触れながら、本当にたくさんいろんな話をしてきたからか、みけちゃんは聞き上手でありながらいつの間にかとってもお喋りさんになっていて、私が留守した時は帰宅すると待ってましたとばかりにずっと喋り続けるようになっていた。

エメラルドグリーンの瞳（ひとみ）を見開いたり細めたり、マズルをぷっくり膨らませたり、お耳をピクピク、尻尾をゆらゆら、コロコロ変わる豊かな表情をいつまでも眺めていることが楽しくて嬉しくて、もう、なんて可愛いんや。

ついつい片付けの手を止め、抱っこしたまま顔を見て過ごす時間が愛おしく幸せだった。

そしてみけちゃんは、自ら『なでなで関所』を作り、

「ここを通りたければ、あたしを撫でていくにゃわわ」

と、どこへ行くにも必ず通る、部屋のほぼ中心の壁際に置いてあったミニ食器棚の上に

寝そべりちろりと見るようになった。

うっかり撫でずに通ろうもんなら、

「あたしを撫でていくにゃわわ」

と手を伸ばし撫でるまで呼ぶという芸？ を身につけていた。

自分の意思で6階まで来て私んちを選んだだけのことあるわ。

なあ、みけちゃん、猫の業界には『人間との暮らし方』とかあるの？

——そんなんあらへんにゃわ。

『甘え方講座』とかも？

——みんな一緒だったら個性なくなるにゃわ。

た、たしかに……。

3 みけちゃん、初めてのお留守番

「みけちゃん、ほな行ってくるわ」
「いってらっしゃいにゃわ」
「はよ、帰ってくるでな」

鍵をかけエレベーターで1階まで降り駐輪場に止めてあった自転車にまたがり、部屋がある6階のベランダを見上げ、みけちゃんが柵(さく)から顔を出し覗(のぞ)いている姿が見えると、いつも手を振っていたのだけど、かあちゃんだと認識していたんやろか。
じーっと見てたから、たぶん分かってたんやろな。
仕事中も、
みけちゃん、ご飯食べたやろか

みけちゃん、ご飯減らしたけど足りたかなぁ
みけちゃん、一人で何しとんのやろ
みけちゃんが待ってるから、はよ帰ろ
頭の中には常にみけちゃんがいて、日々の生活に彩りを持ってきてくれていた。

その頃私は趣味で童話を書いていたのだけど、児童文学作家になりたい、作家になろうなんてこれっぽっちも考えてなくて、自分が子どもの頃、本に救われ図書室が唯一心から安らげる場所だったから、いつか自分の子どもができたら、お話の楽しさや本の面白さを伝えられたらいいなと思い短いお話を書いていた。

するとある時とうちゃんが言った。
「こんなんあるで！」
と見せたのは『公募ガイド』。
お、お、お、お？
おおーっ！　なーにーっ!!
賞金が50万！

え、１００万もあるやん！

最優秀賞は作家デビューなんて募集もあったのだけど、私が注目したのは賞金。

だって宝くじも当たらへんし、よし、応募してみよ。

ところが世の中そんなに甘くない。

何の基礎もない、ただ本が好きなだけで作家になるための勉強なんて全くしてない私は落選ばかり。

そら、そうやわな。

書いていたお話は、みけちゃんに読み聞かせをしていた。

なあ、みけちゃん、かあちゃんがお話読んでる途中で膝から降りた時と最後までずっといた時があったよなあ。

——そうだったにゃわ？

あれってもしかして、面白い時はずっといて、そうじゃない時は降りてたん？

——覚えてないにゃわね。

3 みけちゃん、初めてのお留守番

２００1年

「みけちゃん！　かあちゃん賞もらったよ!!」

ベランダのプランター野菜がすくすく育ち爽やかな風が吹く5月。

パートから帰って洗濯物を片付けていた時電話が鳴り出てみると、なんとなんと応募していた毎日新聞『小さな童話大賞』で俵万智賞を受賞したというお知らせだった。

みけちゃん、書き続けてみるもんやなあ。

みけちゃん、東京で授賞式やって。

みけちゃん、とうちゃん早く帰ってこんかなあ。

8月に東京で授賞式があると聞き、とうちゃんと行くことになった。

日帰りは無理だしホテルを予約せなあかんけど、みけちゃんどうしよ!?

ペットホテル？

でも知らない人に預けるのは不安だったから病院の先生に相談をしたら、その子の性格にもよるけど、ペットホテルはほかにも犬や猫がたくさんいるからストレスに感じる子がいるし、一晩だけならいつも過ごしているお家の方がいいかも。そのかわりご飯とお水をたっぷり用意しておくといいよと教わり、私の不安も解消された。

その日から、
みけちゃん、かあちゃんととうちゃん、一晩だけお泊まりしてくるよ。
ご飯とお水はたくさん用意しとくでな。
ちゃんと帰ってくるから大丈夫やでな、と何度も言ったら黙って聞いていたけど言いたいこといっぱいあったんちゃうやろか。

そして出発の日。

いつもの量の二食分くらい多めにご飯を用意し、普段一つしか置いてないお水も三つ置き、これで万全と家を出た。

東京の夏は暑かったなあ。

ビルとビルの間を抜ける風が生暖かくて陰に入っても全然涼しくない。

ビルやアスファルトの照り返し、まあほんまに暑かった。

授賞式の翌日に観光したはずだけど暑かったことしか覚えてないってどうよ。

みけちゃんが待っている家に帰り、

「みけちゃん、ただいま〜」

と玄関を開けると、

「かあちゃん！　あたしのご飯空っぽにゃわ。あたしおなか空いたにゃわ」

みけちゃんがおなか空かさんようにご飯ようさん出していったけどものすごい勢いで喋り続け、抱っこしてあやしながら話を聞き、お留守番のご褒美に、いつもよりちょっといいご飯を出したらご機嫌になったみけちゃん。

初めてのお留守番、寂しかったんやな。


なあ、みけちゃん、報告があるの。

——またお出かけするにゃわ？

違う違う。

——ご褒美ご飯まだあるにゃわ？

それも違うなあ。もっとすごいことがあったよ。

9歳頃　ベランダ菜園。
野菜の成長をチェックするみけちゃん

4 みけちゃんに『通いのママ』ができた

「なあ、みけちゃん、かあちゃんスカウトされたよ！」

「スカウトって何にゃわ？」


毎日新聞小さな童話大賞授賞式のあと、交流会の会場で当時の岩崎書店編集長に、

「あなたの作品読みました。すごく面白かったです。あの話をもっと膨らませて本をだしませんか」

と優しそうなふわっとした笑顔で言われ、一瞬なんのことかがきちんと理解できず、片手にビール、もう片方にカメラを持っていた私は、

「はい！　ぜひ！」

と言えなくて、

「無理無理無理!! 無理です。私、原稿用紙十枚しか書いたことないです」

と答えたのだけど、

「大丈夫です。編集担当がしっかりサポートしますから」

と、隣に立っていた女性を紹介してくれた。

うひゃあ! 編集担当やって!

くりくりっとした目でニコッと笑顔を向けられ、身長147センチの私から見るととても背が高いその女性がとても頼もしく、勢いで「よろしくお願いします」と答えていた。

とうちゃんに一緒にお店しよと言われた時もそうだったけど、どうやら私には「ちょっと考えさせていただきます」というものはないらしい。

そして、会場をよく見てみると、私以外の受賞者は、選考委員の先生方に直接アドバイスや感想を聞こうと並んでいて、サインもらおうとか、一緒に写真撮ってもらおうなんてのんきなことを考えている人がいなかったことにあとから気がついた。

さらに、この毎日新聞小さな童話大賞は、作家になりたい人たちの登竜門だと聞かされた時は、ビールとカメラを持っていた私たちはさぞかし浮いていただろうなと思ったけど時すでに遅し。

一ヶ月後くらいだったかな、十枚だった作品を六十枚に増やし、早速出版社に送ったけどいつまで待っても音沙汰なし。

おかしいなあ。もしかして原稿が届いてへんのやろか。

いまでこそパソコンで打ち込みをしてメール添付で送っているけど、当時は手書き原稿をそのまま送っていたから、なくなったらもうあらへん。

また下書きノートを見て清書しながら書き直しやん。

「かあちゃん早く」と待つみけちゃん

4歳頃　部屋から見ているみけちゃん

なあ、みけちゃん、電話してみよか。

——それが一番早いにゃわね。

でもさ、「え？」って言われたらどうする。

——かあちゃんは心配性にゃわわ。

あはは……。

勇気を振り絞り電話をしてみると、
「ああ、ごめんなさい。まだ読んでません」
そうですかと電話を切り、まあそのうち連絡が来るかなと待ちながら応募を続けていた
翌年、ミセス大賞小さな童話部門で優秀賞をいただいた。

あのぅ、みけちゃん、また一泊だけお留守番お願いできる？
——またにゃわわ。たくさんのご飯とご褒美もらうにゃわね。

観光するには気持ちのいい秋。
授賞式の翌日、せっかくやし観光して行こと、とうちゃんと浅草へ行った時のこと、ハトにあげようと餌を購入し、振り返った途端ハトに襲われた。
優雅に餌をあげている場合ではなくなり袋ごとまき散らし、全身ハトまみれになったことは後にも先にもあの日以来ない。

もしかしてあれは、

「あたし留守番してるのに遊んでないで早く帰って来るにゃわ」

と、みけちゃんの思いがハトになって飛んできたのかもしれない。

そして2003年。

声をかけてくれた出版社の編集担当さんから、「今年は出します」と年賀状が届き、6月に『かめきちのおまかせ自由研究』でデビューした。

私は児童文学作家としてスタートしたけど、パート勤務と両立していて作品を書くのは休みの日と夜で、みけちゃんはいつも私が寝るまで膝に乗ったりスリスリしたりしながら側で待っていた。

いつの頃からか、みけちゃんは私の腕枕で寝るようになっていたのだけど、こっくりこっくり居眠りしている姿を見て、

「みけちゃん、先に寝てていいよ」

と言っても、

「あたし待ってるにゃわ」

と起きていて根負けするのはいつも私。

「みけちゃん、寝よか」

と寝室へ行くとついてきて、

「みけちゃん、おいで」

と布団をめくると入ってきて中で体の向きを変え、私の腕に頭だったり、あごだったり、時には両腕をのせ「やれやれにゃわ」と言いたそうな顔で眠りにつき、お日様のいい香りがするモフモフふわふわのみけちゃんを抱っこしながら寝る時がとても幸せな時間になっていた。

ほんの数年前までお店をやっていて（半年やけど）、貯金が底をつきなんとか生活を立て直そうとしていた我が家。

そんな中、私が作家デビューしたこと自体が驚きだけど、そのデビュー作で日本児童文学者協会新人賞を受賞するなんて、世の中本当に何が起こるか分からんなあ。


なっ、みけちゃん！

――あたしが来たこともにゃわね。

そうやな。

一泊だけならみけちゃん一人でお留守番できることが分かったけど、新人賞の授賞式の時は二泊だったと思う。

さすがに二泊の留守番をさせるのは厳しいと思い、どうしようかと考えて、いよいよペットホテルか？

いやいや無理やわ。

ペットシッターって松阪にあるやろか。でもなあ、みけちゃんしかおらん家に、他人が入るのもどうやろ。

考えて考えて……。

あっ！　友達に来てもらったらええやん！

みけちゃんも知っていて、みけちゃんのことをよく知ってくれている友達。

まゆみちゃんに頼も。

「あのなあ、まゆみちゃん、東京で授賞式があるんさ。二泊なんやけど、みけちゃんのご飯とお水の交換、あとトイレの掃除をお願いしたいの」

「分かった！　えーよー」

まゆみちゃんは、何の迷いもなく引き受けてくれた。

この日をきっかけに、〝私の友達まゆみちゃん〟は、みけちゃんの『通いのママ』になってくれて、二人で家を空けないとダメな時は家に来てくれるようになったので安心して出かけることができた。

『通いのママ』で〝私の友達〟でもあったまゆみちゃんはある時、愛犬の『ココちゃん』を連れて遊びに来て、お互い抱っこされたまま「はじめまして」のご対面。

犬に噛まれたことがあるみけちゃん、トラウマになってるんじゃないかと心配したけど全く気にせず、鼻を近づけ挨拶をしようとするとココちゃんも尻尾フリフリお鼻をチョン。

あら、仲良しやん！

と思った直後、ココちゃんにお鼻をべろーんとなめられたみけちゃんは「シャーッ！」。

一緒に遊びたかったココちゃんションボリ。

なあ、みけちゃん、ココちゃんにお鼻をなめられへんかったらお友達になれたかなあ。

――あたしは社交的にゃの。

みけちゃん、犬に噛まれたことあるのにちゃんと挨拶できたやん。かあちゃんびっくりしたよ。

――あたしはいつまでも引きずらないにゃわ。

ココちゃんも女の子やったし、女子トークもできたかも！

――おやつもいっぱい用意してにゃわわ。

『通いのママ』まゆみちゃんは、のちにみけちゃんの弟となるピースとパレオが家族になってからも時々来てくれて、家族以外の人が来ると逃げて隠れてしまうピースだけど、どういうわけか、まゆみちゃんだけは平気だった。

これだけはピースに聞いても教えてくれない謎。

ピースの中で何かあるんだろうけど、隠れたことがないっていうんだから、ほんと不思議よねえ。

5 みけちゃんは遊びの達人!?

みけちゃ～ん、かあちゃんパートのお仕事辞めることにしたよ。

――あたしと一日中遊ぶにゃわわ？

デビューしてから五年目くらいのことだった。

昼間は焼肉屋さんでパート、休みの日や夜に作品を書いていたけど、うとうとしてしまい気がつけばノートに謎のくねくね模様が書いてあったり、パソコンに打ち込めば何やら暗号のような記号がつらつら並び、ただ起きてるだけで仕事は全く進んでない。

そんな私の姿を見ながらみけちゃんは半ば呆（あき）れてたんだろうなあ。

そしてとうちゃんの、

「パート辞めたら？」

と最強のひと言で少し迷って、
「せやな、辞めるわ」

新人賞を受賞させてもらったことで順調に原稿のお仕事をいただき、講演依頼も入るようになり、度々週末にお休みくださいと言いにくくなっていたことも大きな要因になったかな。

思い切って辞め不安はあったけど、日中ずっと一人で留守番をさせて寂しい思いをしていたみけちゃんと一日中一緒にいられるのは嬉しかったな。

みけちゃんにあれこれおもちゃを買ったけどあまり興味がなくて、日向ぼっこをすることを大切にしていて日中はよくベランダで過ごしていた。

だからみけちゃんはいつもお日様のいい香りがしてたんやな。

五年近く一人で日中留守番をしていたから鳥さんを眺めたり外の匂い(にお)を嗅い(か)だりする方が好きなのかというとそうでもなくて、実はみけちゃん、一人遊びがとても上手で、洗濯物を畳んでいると、くるくるっと丸めた靴下を自分の爪(つめ)に引っかけ投げたり転がしたりして追いかけ遊んだり、パスタを湯がこうとすると一本ちょうだいとおねだりをして、あげるとこれまた器用に一人ドリブルをしたり、咥(くわ)えて飛ばして楽しそうに遊んでいた。

その姿がとっても可愛くて、夕飯の支度を放り出しパスタを投げて遊び相手したこともあったよねえ、みけちゃん。

パスタじゃない日も、みけちゃんと遊ぶために一本出したりして。

一人遊びが上手だったみけちゃんは、来客があっても全く気にすることなく、２ＤＫの室内を猛ダッシュし、走ったかと思ったら急停止、得意げな顔で、

「今の見たにゃわ?」

とでも言いたそうに私の顔を見ていることが度々あって、

「みけちゃん、すごいなあ」

と声をかけると、いつもクルルっと喉を鳴らし、また猛ダッシュ。

ベランダの木柱にドーンと力強くぶつかるように突進し豪快な爪とぎをしていて、来る人、見る人驚いていたけど、みけちゃんはすました顔で爪とぎを披露していた。

あれはほんまにすごかったなあ。

そういえばみけちゃんはベランダの木柱とか買ってきた爪とぎ以外のところでは爪とぎ

せんかったよね。

遊びに来た友達にも、

「猫がおる家には思えやん」

って言われてたし。

普通？　はカーテンとか壁がボロボロになると言われ、初めて「そういえば……」と気がついた。

私は猫と暮らしたのはみけちゃんが初めてだったけど、ほんっとーーーーーに手のかからない子だった。

ものを落とすとかかじるとか、イタズラなんてしやへんかったもんなあ。

ん？　いやちょっと待って。

思い出した！

一つだけあったわ。

まだ私がパートに出てた頃、帰ってきたらカツオ節が台所に散乱してたことがあったわ。

一人でカツオ節パーティーしたんやな。

封開けたばかりやったから、まだたくさん入ってたんちゃうかなあ。

とうちゃんにカツオ節をおねだり

あの日から蓋付きのケースに片付けるようになったんやったな。

なあ、みけちゃん、みけちゃんはいつも器用に遊んでたよな。

――だってあたし、一人で留守番長かったにゃわ。

おもちゃ出してなかったけど、何してたん？

――いろいろにゃの。

カツオ節パーティーもその一つやな。

カツオ節も好きだったけど、海苔！

味付け海苔じゃなくて巻き寿司用の海苔も好きやったなあ。

かあちゃん、小さくちぎってあげてたもんな。

上あごにひっついて「ひっついたにゃわ！」って顔で食べてる姿もほんとに可愛かった。

好きや言うても適量ってもんがあるからそんなにたくさんじゃなかったけど、みけちゃんはカツオ節も海苔もほんまに美味しそうに食べてたよね。

みけちゃんの毛は短毛と言うには少し長くて、長毛と言うには短くて、ずっとお世話になってた動物病院の先生が「洋猫の血が混ざってるかもなあ」って言うくらい、ふわっふわで顔をうずめるとすっごく気持ちよくて、包み込まれているような安心感があった。

みけちゃん自慢の美毛は、日々の日向ぼっこと、時々食べてたカツオ節と海苔があったからやろか。

もちろん、みけちゃん自身の毛繕いも大きいかな。

ちまきの茎をくわえて、にゃっほーい！　た〜のし〜い！

6 みけちゃんと始まる一日

「みけちゃん、おはよう。目、覚めた？　朝になったよ。起きる？　どうする？　まだねんねする？」

目が覚めた時、目の前にみけちゃんの顔があるのは一日の、幸せの始まり。

私の左側はずーっと、みけちゃんの指定場所で、一度も右側には来たことがない。

うっすらと目を開けたみけちゃんに腕枕をしながら、「起きる？」「まだねんねする？」とやりとりする時間は、私とみけちゃんだけのほわほわタイム。

みけちゃんは寝たまま時々顔を上げ、ゆ〜っくり瞬（まばた）きをしたり目を細めたりして会話をする。

「ご飯の用意せなあかんし、そろそろ起きよっか！」というと、みけちゃんはまだ少し寝ていたそうにしながら、う〜んと伸びをして大きなあくび。

だけど私が朝から出かける予定がある時とか、寝坊してしまった時はお話しせず、

「みけちゃん、かあちゃん起きやな！」

慌てて起きると不満そうな顔で「にゃあ」とひと鳴き。

「いいよ、いいよ。みけちゃんはまだ寝とき」

「いやにゃわ。あたし一人はいやにゃの」

と起きてくる。

そんな時、たまらなく愛おしくて、みけちゃんは健気（けなげ）やなあと抱きしめたくなり、時間がなくてもちょこっと抱っこ。

みけちゃんと、かあちゃんのぽかぽかチャージやな。

でも時々ただの寝坊になってしまい、みけちゃんのおなかが空きすぎてしまった時は、ありとあらゆる手で起こしにくるんやけどね。


とうちゃんが仕事に行ったあと、みけちゃんにご飯を食べさせてからパンとコーヒーで朝食をとる。

朝日がよくあたる部屋で、日向ぼっこをしているみけちゃんを見ながら少しのんびり過

ごす時間は、何ものにも代えられない幸せのひととき。

目の前にやってくるカラスやスズメにクラッキングしたり、姿勢を低くしてハンターのような目で見ていたり、みけちゃんのそんな姿はいつまで見ていても飽きることがない。そして鳥たちが飛び立つと私の方を振り返り、「かあちゃん、鳥さんたちおったにゃわ」というような顔でゆっくり歩いてきて膝の上に乗る。

日差しを全身に浴びたみけちゃんの体からはお日様のいい香りがしていて、毛もふわふわでモフモフで「みけちゃん、可愛いなあ」と言いながら撫でているだけで心が温かい気持ちで満たされていく。

膝の上で寝返りをしたり、顔を上げ〝くっくっ〟と甘えたり、みけちゃんはかあちゃんのメロメロデレデレのツボをよく心得ているなあ。

なあ、みけちゃん。みけちゃんの毛はいつもキラキラしてツヤもあったよなあ。

――あたし、美毛には気をつけていたにゃわ。

毛繕いも念入りやったしストレッチも見事やったもんね。

――かあちゃんもするにゃわ？

ストレッチ？　ムリムリ！　めっちゃ硬いもん。

――いきなりあたしと同じようにするのはムリにゃわね。少しずつでいいにゃわ。

じゃあ、みけちゃんに教えてもらおかな。


みけちゃんはわがままを言わなくてイタズラもしなくて本当に手のかからない娘だったけど、ご飯の時間だけはきっちりしていたから私が気づかず仕事をしていると必ず呼ぶ。

「ちょっと待って」

というと、

「待てへんにゃわ」

とひときわ大きな声で催促をする。

「かあちゃんさあ、キリのええところまでするでちょっとだけ待っとって」

と返すと、ジリジリ、ジリジリ……少しずつ近づき、

「早くにゃわ。あたしおなか空いたにゃわ」

はい、かあちゃん降参。

みけちゃんは自分の意思はしっかり通すし通るまで言い続ける。

しっかり者のみけちゃんブラボー！

分かった、分かったと立ち上がり、ご飯の用意をしに行くと嬉しそうに尻尾をピンと立て付いてきて足にスリスリ。

みけちゃん、はいどうぞ、とテーブルに置くと、カリカリポリポリ美味しそうに食べる。

その姿を屈(かが)んで見ていると時々こちらを見るから、

「美味しい？」

と聞くと、おひげをひょいとあげ美味しい顔を見せてくれた。

満足すると念入りに両手を交互に使って口の周りを綺麗(きれい)にして、顔から耳の後ろまでくまなく手入れする。

その一連の流れを見ていると自然に笑みがこぼれる。

みけちゃんの幸せは、かあちゃんの幸せ。

みけちゃんは一人遊びが上手だったけど、一緒に遊ぶ時間も、みけちゃんとかあちゃんには大事な日課。

頂き物のお菓子などに付いている紐が好きで、太いものから細いもの、長いものから短いものまで、みけちゃんが好きそうな紐を何本もストックしてあったから、その時々でみけちゃんが〝今〟遊びたいものを選び、私が新体操選手のようにくるくる回したり左右に振ったりして一緒に遊んだ。

包装紙やメモ用紙を丸めた紙ボールも好きで、メモ用紙をクシュクシュっと丸めボールにして転がしたり、ちょっと厚い紙は小さく扇折りにして滑らしたりすると、黒目を大きくしたり細〜くしたりして、おしりをふりふりした直後に猛ダッシュ。

みけちゃんが嬉しいと、かあちゃんも嬉しい。

なあ、みけちゃん、なんで猫用のおもちゃよりメモ用紙とか包装紙、それから紐が好きなん？

——かあちゃん、包装紙と紐の気持ちになってみるにゃわ。

へ？　気持ちってか！

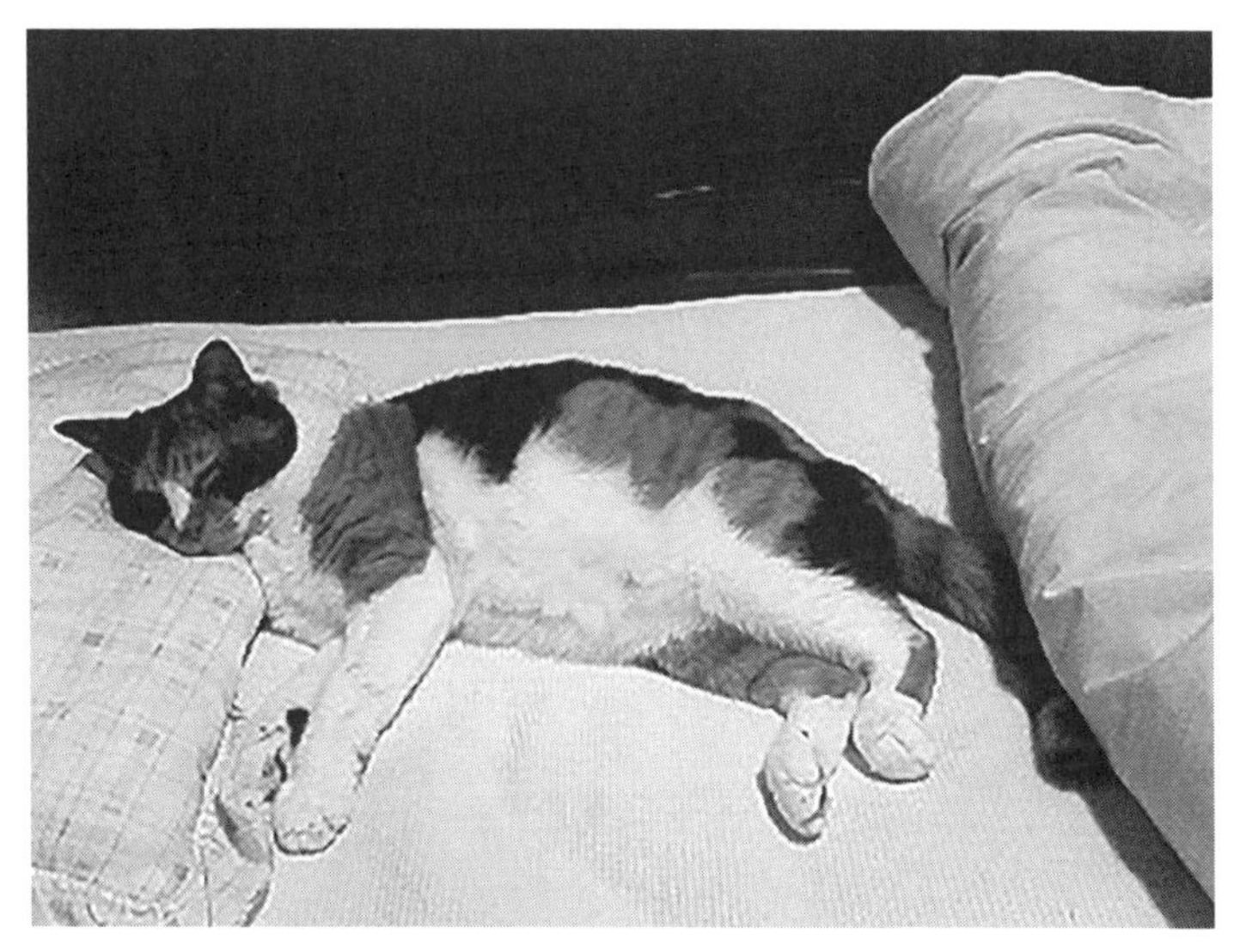
かあちゃんの枕はみけちゃんとシェア

――そうにゃわ。綺麗に包んで素敵に付けられた紐。喜ばれるのは中身だけにゃわ。なるほど！　すぐに処分されるよりおもちゃになって使われた方がええわな。
――紙も紐も嬉しいにゃわ。
みけちゃんとかあちゃんもな。

紙ボールでハイテンション！

7 みけちゃんはお喋りさん

みけちゃんと暮らすようになって、猫のおもちゃが少しずつ、どんどん増えていったのだけど、

「あたしをそんな子ども扱いしないでにゃの。本物がいいにゃわわ」

と買ってきたおもちゃにはあまり見向きせず。

乾燥パスタやくるっと丸めた靴下など、おもちゃではないものをおもちゃにして遊ぶのが好きだった。

でも……。

ちまきの葉についてる茎の部分とか、菓子包みにかけてある紐は大好き。

投げたりくるくる回すと目を大きく開き、おしりをふりふりして「くるるっ」と鳴き、飛び付こうと跳ねて遊んでいた。

あ、そっか。

ちまきの葉は本物の植物やもんな。

包装用の紐は？

あれは、みけちゃんの中では本物扱いやったんかなあ。

真剣に遊んでいる時のみけちゃんは、おしりをふりふり、お目々くりくり、なんとも可愛くて愛らしく、どれだけ一緒に遊んでいても飽きなくて家事も仕事もそっちのけやったな。


しかしパート勤めを辞めた私は原稿を書かなくてはならず、

「みけちゃん、かあちゃんお仕事するわ」

と言いお終(しま)いにすると、じーっと私の顔を見て、

「分かったにゃわわ」

と聞き分けよくお昼寝タイム。

遊び足りないとそのまま一人で遊んでいたけど、時々たちどまり、

「かあちゃ〜ん、あたし遊んでるにゃわわ〜。

楽しいにゃわよ〜。二人ならもっと楽しめるにゃわわ〜」と誘うこと度々。

当時はまだ遊びたい盛りで何でもおもちゃにしていたみけちゃんは、お風呂上がりに耳かきをしていると、耳かきの先に付いている白くてまあるい、ふわふわの毛が好きで、手を伸ばしチョイチョイしたり、時にはなめたりしていたもんだからボサボサになってしまったけど、今でも大切に取ってある。

みけちゃんとの大切な思い出の品やもんな。

かあちゃんのお宝や。


作品を書くこと以外に講演依頼も増えてきて、それまでは近いところ、日帰りで行けるところばかりだったけど泊まりで行く講演も一年に数回入るようになり、私一人で外泊することもあった。

泊まりの前には、みけちゃんのまあるくて可愛い顔を両手で包み込み、

「みけちゃん、明日かあちゃんお泊まりやでな。とうちゃんとお留守番しとってな。一人でねんねしとってな」

みけちゃんはいつものように、私の顔をじっと見たあとひと言、

「分かったにゃわわ」

とは言ったものの、いつも一緒に寝ているみけちゃんが隣にいなくて寂しいのはかあちゃんだったのかも。

いつになく大きな荷物を持って出かける私のことを玄関先で見ていたみけちゃん。

その目がとても不安そうで、後ろ髪引かれる思いでドアを閉めたあの日。

初めての泊まり講演がどこだったのか覚えてないけど、

「みけちゃんただいまあ！」

と抱っこしてぎゅっとしたら、

「おかえりにゃわ」

って小さく鳴いたよね。

そのあととうちゃんが、

「あんたの布団敷いたけど、みけちゃん寝やんとずっと玄関に座って待っとったで」

「え、ずっと？」

「うん。一晩中」

みけちゃん……。

「明け方やったかな、やっと帰ってこやへんこと分かって寝たけど」

「布団で?」
「いや、ソファで」
なあ、みけちゃん、お布団一人は寝れやんかったん?
――あたし、ずっと待ってたにゃわ。
かあちゃんお泊まりって言うたよなあ。
――知らない。聞いてないにゃわ。
えー、言うたやん。
――あたし、一人で寝るのは無理にゃの。
とうちゃん、お布団敷いてくれたやろ?
――でも一人やったにゃわ。
寂しかったんやなあ。
――腕枕もなかったにゃの。
かあちゃんも寂しかったよ。ごめんな。

4歳頃　かあちゃん、お留守番のごほうびは?

デビュー前の留守番の時はこんなにお喋りをすることがなかったし、とうちゃんがおるから寂しくないと思っていたけど、いつの間にか私とみけちゃんの間にはものすごーーく太くて強い絆ができてたんやなと感じた。

その後、少しずつ出張が増えて外泊することも多くなっていったけど、みけちゃんが一晩中玄関で待っていることはなくなり、安心して家を空けられるようになった。

変わらなかったのは、寝るのは布団ではなくソファで、私が帰ってきたら「あたし待ってたにゃわわ」と言わんばかりのお喋りタイム。

——かあちゃん、お留守番のご褒美あるにゃわ？

もちろんやん！

——今日は何にゃわわ？

カツオ節とささみ。

——カツオ節はとうちゃんにもらったにゃの。

そうなん？　いっぱい？

右上　可愛いウインク／右下　ハンカチ襟巻、似合うにゃわ？
左上　おしりふりふり、おもちゃを狙うみけちゃん／左下　視線の先には……

——少しだけにゃわ。
食べ過ぎはあかんでな。
——バターたっぷりのパンもほしいにゃわね。
うんうん、分かったよ。
——煮魚もいいにゃわね。
なあ、みけちゃん、ちょっと多すぎちゃう？
——えへへにゃの。

8 みけちゃんがいるだけで心強い

なあ、みけちゃん、かあちゃんが体調崩して寝込むといつも側にいてくれたよなあ。

――そうだったにゃわね。

かあちゃんな、すっごく嬉しかったよ。

――うふふにゃの。

どんな薬より、みけちゃん効果の方が特効薬かもしれへんな。

――元気が一番にゃわわ。

みけちゃんは私が体調を崩して寝込むと、いつも、

お日様ぽかぽか、
ビタミンチャージ

そっと側に来てくれた。

お日様のいい香りがするモフモフのみけちゃんを撫でている、ただそれだけで痛みが和らぐようで気持ちが落ち着き安心した。

そして時々、私の頭に鼻をくしゅくしゅっとして「くっくっ」と小さく声を出していたのだけど、たぶんあれはお母さんが子どもの背中を優しくとんとんするのと同じような仕草だったんじゃないかと思っている。

だってその時のみけちゃんの表情は、とても優しくて温かい目で、ほっとするような顔だったから。

些細(ささい)なことでとうちゃんともめた時も、みけちゃんはいつも私の味方でいてくれた。

そりゃまあね、長〜いこと夫婦やってたら意見や考え方の食い違いでもめることもあるからね。

そしてみけちゃんは側に来るだけではなく、「とうちゃんが悪いにゃわ！」とにらみつけるような目で見ていたと、後に聞いた時は驚いた。


なあ、みけちゃん、とうちゃんから聞いた話ほんまなん？

——そんなこともあったにゃわね。

かあちゃんはみけちゃんのそんな顔見たことあらへんよ。

——あたしはいつだって、かあちゃんの味方にゃの。

みけちゃん、ありがとう！

——うふふにゃわね。

思えばどんな時も、どんなこともみけちゃんに話してたし相談してたなあ。

時にはおでことおでこをひっつけて『通信、通信』っていうのもやってたもんね。

原稿OK出たよーとか、重版かかったよーとか、嬉しいこともいっぱい話したし、庭の花が咲いたよとか、女子会に行ってきた話もしたし、とうちゃんの愚痴も聞いてもらったなあ。

かあちゃんな、みけちゃんに話すことで、嫌やなあって思ったことも前向きになれたし、大丈夫って思えたよ。

なあ、みけちゃん、いつも腕枕してた左側、今でもかあちゃん空けてあるよ。
出張に行っても、つい左側空けて寝る癖がついてるよ。

なあ、みけちゃん、また『通信、通信』っておでこひっつけてお話ししようよ。

なあ、みけちゃん、かあちゃんが迷った時、「くっくっ」て言いながら頭くしゅくしゅしてほしいよ。

なあ、みけちゃん、会いたい、声が聞きたいよ。

「にゃはは！」ベランダでごろごろ気持ちいいねえ

9 みけちゃんは、なかなかの演技派だった

猫と暮らしたのはみけちゃんが初めてだったから何が普通なのか分からないけど、みけちゃんはなかなかの演技派で、モデルもこなすプロ意識高い系女子猫だった。

写真を撮る時も、私が変顔を撮ろうとすると瞬時に察知し、シュッとした顔で姿勢を正し「さあどうぞ。美しく撮るにゃわわ」とモデル座りをしていた。

だからみけちゃんの写真は、静と動、どちらも表情豊かで魅力的な写真がたくさんある。あるのだけど……。

アパートで暮らしていた頃は今のようにスマホはもちろん、デジカメなんてものもなくて、私が持っていたのは使い捨てカメラだけ。

だから、なんて言い訳になってしまうけど、みけちゃんが私たちの娘になった頃の写真が少ない。
現像してアルバムに貼ってある写真は、ある意味とっても貴重なんだと思う。

なあ、みけちゃん、5キロあった時の写真も数枚しかあらへんよなあ。
――かあちゃんととうちゃんの心のアルバムにはいっぱいあるにゃわ？
あるある！　いーーーーっぱいあるよ！
――それが一番にゃの。
そうかもね。パソコンに落としてあった写真も一部なくしてしまったけど。
――思い出は色あせないしなくならないにゃわよ。
さすがみけちゃん！　ええこと言うなあ！
――そんなことより、かあちゃん本題に戻るにゃわ。
あ、せやな。

みけちゃんはものすごく甘えんぼさんかというとそうでもなく、いつもどんな時も〝自分〟という気持ちをしっかり持っていて抱っこ抱っこという性格ではなかった。だけど足

下をうろうろしていることが多くて、よく手足や尻尾が私たちに当たり踏みそうで危ないことがあった。そんな時は、

「いったーい！　あたしの足、いま踏んだにゃわ。ものすごーく痛い痛い！　たぶん、ううん、きっと骨折れたにゃわ。病院にゃわ。先生に診（み）てもらうにゃわわ」

　と大騒ぎ。

「ごめんごめん。せやけどみけちゃん、今の踏んでへんと思うで。ふわっと、ほんの少しふわっと踏みそうになっただけやん。こんなんで病院へ行ったら笑われるで」

　そして大騒ぎするのは〝足踏まれた（かも）事件〟のみならず、みけちゃんが側にいることに気がつかず、振った手がうっかり当たってしまった時も、

「いったーい！　あたしのこと、今叩（たた）いたにゃわ。パシッて叩いたにゃわね。アザができたにゃわ。腫れてきたにゃわよ。病院にゃの。先生に診てもらうにゃわわ」

「大丈夫やって。ちょっと当たっただけやん。叩いてへんし、アザもないし腫れてへんよ。こんなんで病院へ行ったら笑われるで」

　踏まれた、叩かれたと訴える時のみけちゃんは、なかなか迫力ある名演技で大女優の風格十分だった。

なあ、みけちゃん、あんな演技どこで覚えたん？
——演技じゃないにゃわ。
せやけど踏んでないし叩いてへんやん。
——かあちゃん、両手を胸に当ててみるにゃの。
こう、かな。
——ほんまに踏んだことないにゃわ？
あ……。
——とうちゃんもかあちゃんも、踏んだことあるにゃわね。
せやけどあれは……
——痛かったにゃの。
ごめんなさい。

痛い痛いと大騒ぎするみけちゃんだけど、決して痛がりではない。

うわあ！
大きなあくび出た

ベランダに出ようと走り出し、ドンッ！　とぶつかったのは拭いたばかりで綺麗になっていたガラス戸。

あまりにも大きな音がしてびっくりして見に行くと、何が起こったのかよく分からず周りを見渡すみけちゃんが居て、ガラス戸をみると、

「え、みけちゃんもしかしてぶつかったん？　ガラス戸が開いてると思ったん？」

状況が分かり、「みけちゃん大丈夫？」と声をかけた時には、

「何かあったにゃわ？　あたし鼻型のサインつけただけにゃわよ」

とすまし顔。

かなり痛かったと思うけど、みけちゃんのプライドは守らなあかんでな。

ほかにも、足を踏み外してしまったり、自分でぶつけてしまった時も、みけちゃんはチラッと私の顔を見て、「何かあったにゃわ？　全然痛くないにゃわよ」の顔。

あ、そういえば宇宙船型のベッドに入ってた時も、出ようとして出入り用の穴じゃなくて透明のアクリル窓にぶつかって、出られやんって怒ってたことあったよなあ。

「なんでこんなところに窓があるにゃわ。ふんっ」て鼻ならして怒ってたもんね。

上　ん？　お手手、ぶつけた？／下　鳥さんにクラッキング

10 みけちゃんは美食家だった話

我が家の娘になる前、みけちゃんがどんな家でどんな生活をしていたのか分からないけど、一緒に暮らすようになって分かったことがある。

まず、美食家であるということ。

猫と言えば一般的に魚が好きというイメージがあるわけで、みけちゃんも魚が好きだった。だけどどんなに新鮮な魚でも、生には全く興味がなくて煮魚が好きなんだけど、ここにも拘り(こだわり)があって、何でもいいわけではなく、カワハギ、鯛(たい)、カレイ、太刀魚(たちうお)、メバルなどの白身魚が好き。

そして、私が作った煮魚は匂いを嗅ぐだけで食べず、とうちゃんが作ったものならペロリと食べる。

もちろん人間用の味付けではなく、みけちゃんが食べられるようにショウガ抜きの減塩。

人間には薄味で健康的とも言える。

新鮮で美味しそうな魚が売っていると、みけちゃん用に買ってくるとうちゃん。

みけちゃんの喜ぶ顔が見たいのは私と一緒やな。

しかし、どんなに美味しい煮魚でも前日の残りは食べないというグルメぶりを発揮するから「はいはい、ほな、かあちゃんたちが食べるわな」と、困った風ではなくむしろ「みけちゃんからのお裾分け(すそわ)や」と喜んで食べている。

そしてみけちゃんは湯せんしたささみも大好き。

一本ペロッと食べてしまう。

器に出した瞬間走ってきてめいっぱい手と体を伸ばし、

「早く早く、かあちゃん早くちょうだいにゃわ」

と、お目々くりくりマズルぷっくりさせて尻尾をピンと立て可愛く催促。

この姿がほんっとうに可愛くてねえ。

たまらなく可愛くて、美味しそうに食べている姿も眺めているだけで、ただそれだけでかあちゃんは幸せやったよ。

ささみといえば、みけちゃんは鶏(とり)の唐揚げも好きやったなあ。

揚げてあるし、さすがにこちらから差しだすことはなかったけど、テーブルに上って食べてたり、とうちゃんの弁当に入れてあるのを、ちょっと油断したすきに盗み食いしてたよね。

みけちゃんは、なーんにもイタズラらしいことしなかったけど、唐揚げを盗み食いして見つかった時の、「見つかったにゃわ！」って顔も可愛かったなあ。

とうちゃんとかあちゃんがお正月にお餅を食べる時のきな粉も好きで、「クシュン！」ってクシャミしながらなめてたし、バターやチーズも好きだったし、とうちゃんが作るジャムも好んでなめてたよね。

かあちゃんの子になったあの日から25歳になるまでずっと変わらず、テーブルに上ってバターたっぷりのパンかじってたもんなあ。

そうそう、バターたっぷりと言えばクロワッサン！

かあちゃんはあまりクロワッサンを食べないから買ってくることは滅多になかったけど、なんでかなあ、近所に食パンとミニクロワッサンの専門店ができたから買ってみよって思って、ふと立ち寄った。

そして朝、とうちゃんと、「さあ食べよ」って箱の蓋を開けたら、みけちゃんがものすごい勢いで箱に顔突っ込んで、びっくりしたかあちゃんが急いでみけちゃんを抱っこしたらクロワッサン一個咥(くわ)えてたし。

よほど美味しかったんやなあ。


なあ、みけちゃん、かあちゃん別のお店で何回かクロワッサン買ってきたことあるけど欲しがったことあらへんやん。

――バターが少なかったにゃわ。

なるほど。あのミニクロワッサンはバターがじゅわっとしてたもんな。

――まるごと一つ食べたかったにゃの。

いやいや、ミニやったけど一つは多いな。

――かあちゃんケチにゃわね。

せやけど煮魚はいっぱい食べたやろ?

とうちゃんが作る煮魚が好き

――かあちゃん、話変えたにゃわね。

な、煮魚は美味しかったやろ？

――美味しかったにゃわね。とうちゃんが作る煮魚。

みけちゃん用に、買ってきてたでな。

――うふふにゃの。

みけちゃん、唐揚げも好きやったよな。

――ああ、唐揚げにゃわね。最近食べてなかったにゃわ。

ささみは湯煎（ゆせん）やからいいけど唐揚げは油やからそもそもあかんやん。

――かあちゃん、美味しいものはみんなで食べたらもっと美味しいにゃわよ。

そうやな。でも唐揚げはやめとこか。

「あ〜ん」
猫草をほおばる

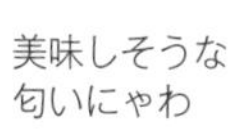
美味しそうな
匂いにゃわ

11 みけちゃんとかあちゃんは似た者同士

子は親に似る、親は子に似る（よね？）。

とうちゃんに言わせると私とみけちゃんはよく似ているらしい。

「どこが似とるん？」

「頑固なところ」

「みけちゃんは意志が強くて頑固やと思うけど私はそうでもないよ」

「あんた、自分が納得できやんと黙るやろ。みけちゃんは納得できやんと動かんし、思い通りになるまで訴え続けるやん」

「あはは。みけちゃん可愛いなあ」

「それに、あんたが黙るとみけちゃん、かあちゃんの味方アピールするしな」

「むふっ。それはしゃーない。私とみけちゃんは仲良し、信頼関係バッチリ！」

性格が似てくると顔も似るのか、顔が似てくるから性格も似てくるのか、どっちが先か分からんけど、私とみけちゃんは顔も似ていたらしい。

せやけど、私はどちらかというとタヌキ顔でみけちゃんは猫らしく可愛らしい顔なのに似てるって不思議やなあ。

それでも似てるって言うから写真を撮って見比べたことがあるのだけど、あら、ほんと。似てなくもない、かな。

性格だけじゃなくて、することまで似てくるようで、誕生日だったかクリスマスだったか覚えてないけど、みけちゃんは火が付いたローソクに顔を近づけおひげを少し焼いてしまい短くなったことがある。

すぐに気がついたけど、まあほんと、びっくりしたのなんのって！

当の本猫みけちゃんは、しれっとしてたけど、おひげは猫にとって大事なセンサーじゃないのか。

片方だけちょっぴり短くなったおひげのみけちゃんも可愛かったけどね。

なあ、みけちゃん、ケーキじゃなくて水に浮かんだローソクになんで近づいたん？

——あたし、初めて見るものには興味があったし、危険なものか確認する必要があったにゃわ。

そっか、その結果、おひげを焼いてしまったんやな。

——かあちゃんも焼いたことあったにゃわ？

あったあった！　おひげじゃないけど焼いたことあったわ。

あれはまだみけちゃんとも、とうちゃんとも出会う前で一人暮らししている時だった。

冬のある日、友達と飲み歩き酔っぱらって帰ってきた私は、鞄を部屋に置きストーブを点けた。

カクン……チリ……パラッ……

ハッ!!

ストーブの前に座ったまま居眠りをしてしまったのだけど焦げ臭いにおいに一瞬で酔いが覚め、においのもとを探しているとパラパラと前髪が落ちてきた。

——かあちゃん、ストーブの前に座ったまま寝たらダメにゃわ。

あはは。みけちゃんとかあちゃん、同じことしてたなあ。

——あたしは自分から近づいたけど、かあちゃんはストーブに倒れていったにゃわわ。

そんなに変わらへんやん。

——全然ちがうにゃわ。

なあ、みけちゃん、そういえばもう一つ似てるところあったわ。

みけちゃんさあ、24歳くらいの時、歯茎が腫れて膿がたまってたやん。

——そうだったにゃわね。

みけちゃんくらいの年になったら普通は歯槽膿漏（しそうのうろう）になって歯が抜けるって先生言うてたけど、みけちゃんは抜けやんかったよな。

——病院で診てもらってお薬も飲んでたけど、治癒力あるって褒められたにゃわわ。

かあちゃんはずっと前、歯茎の中に膿がたまって手術したよ。

——かあちゃんは歯を二本抜いたにゃわね。

そう考えると、みけちゃんはすごいなあ。

——うふにゃの。

水に浮かぶローソクに興味津々のみけちゃん

みけちゃんとかあちゃん、赤いチェック柄の親子コーデ

12 みけちゃんのご褒美ご飯

みけちゃんは私の動きをよく見ていると思う。

「かあちゃん遊ぼうにゃわ」

掃除をしている時、モップで集めたゴミの上を歩き邪魔をしたり、掃除機をかけようとしている方向に先回りして座ったり、いろんな方法で視界に入り見つめてくる。

名付けて『かあちゃん、ほら見て、気づいて作戦』。

またこれが正面ではなく、見返り美人のような格好で見てくるところがみけちゃんらしい。

「みけちゃん可愛いよ。すっごく可愛いけど、かあちゃん今は掃除してるからちょっと待っとってくれるかな」

抱きあげ目を見て言うと一応分かってくれたそぶりをするけど、少しするとまた邪魔をしに来る。

繰り返すこと数回……。

あや？　これはもしかして邪魔してるように見せかけて、かあちゃんがみけちゃんに遊ばれてるんとちゃう？

そう思ってみけちゃんがいるソファを見ると、

「あたし知らないにゃわ」

と笑った、ように見えた。

一通りの家事を終え、

「みけちゃんお待たせ〜。かあちゃん掃除終わったよ〜。ちょっと遊ぼか」

言いながら近づくと、待ちくたびれたみけちゃんはクロスさせた両手で顔を隠して寝ていた。

あらら。

「みけちゃ〜ん、ねんねしちゃったあ？　かあちゃんと遊びませんかあ？」

顔を近づけ小声で誘ってみても、クロスした手に隠れたお顔、見せてくれず。

それどころか、きゅーっと手に力を入れて、

「もう遊ばへんにゃわ」

と意思表示。

あーあ、今度はかあちゃんが待ちぼうけ。

でも、せっかくやからこのまま、みけちゃんの隣に寝転んで可愛い寝顔見とこかな。

それにしても、ほんとに可愛い。

なんでこんなに可愛いんやろ。

みけちゃんが誘う時が遊びたい時間なんやな。

ごめんやで。


そしてもう一つ注意を引きたい時にする行動があって、買ってきたおもちゃには興味がないみけちゃんだけど、一つだけお気に入りで、たぶん十五年くらい使っているおもちゃがある。

ペットショップで買った、なんてことない猫用の『あごまくら』。

これをものすごく気に入っていて、咥えて「わあーお、わあーお」と鳴きながら運び、離れた場所に置き私の顔を見るから、

「みけちゃん、上手に運んだなあ」

と言うと誇らしげな顔をする。
だけど咥えてよだれも付いてるし、たまには洗わなあかんと思って洗濯すると、
「かあちゃん、なんで洗ったにゃわ。あたしの匂いが消えるにゃわ」
と迷惑そうな顔。
みけちゃんがそんなに気に入ったのならと、同じものを二つ追加購入。
常時二つ出しておけば一つ洗っても匂い付きのおもちゃがあるってことやもんね。
ちょっと試しによく似た『あごまくら』を買ってみたけど、これには全く興味なし。

なあ、みけちゃん、なんでなん？　なんであのあごまくらしかあかんの？
——かあちゃんも着心地のいい服があるにゃわ？
うん、ある。でもおもちゃやん。
——かあちゃんには、咥え良さが分からんにゃわね。
咥え良さなんて初めて聞いたわ。
——かあちゃん、いくつになっても勉強にゃわね。
咥え良さ、いつか使うことあるやろか。

仕事をしていると、お昼寝から目が覚めたみけちゃんが、ひょこっと顔出し、うーんと伸びをする。

「みけちゃん、起きたん？　気持ちよさそうに寝てたなあ」

と声をかけると、優雅で美しいキャットウォークで寄ってきて、頭を足にコツンとする。

抱き上げて、みけちゃん好き好きタイム。

チャームポイントでもある、エメラルドグリーンの目で見つめられると、かあちゃんの心はとろんとろんになる。

普段はドライフードがメインだけど、お誕生日とかクリスマス、それからお正月やひな祭りといった特別な日と、お留守番とか病院へ行くのを頑張った時は『ご褒美ご飯』といって缶詰ご飯を出していた。

私が缶詰を開けご飯の用意をしていると、

「あれ？　今日なんかお祝いあった？」

ととうちゃん。

「別に何の日でもないよ」

「なんで缶詰なん？」

「なんでって……しいて言うなら可愛いお祝いやな」

「なんやそれ」

「ふふふ。いつも可愛いけど、不定期開催お祝い」

「みけちゃ〜ん、かあちゃんがなんか訳分からんこと言うとるよー」

みけちゃんもよく分かっていて、缶詰を開ける音がすると走ってきて尻尾をゆらゆらさせ足にスリスリしながら、「早く早く」と嬉しそうに急かしていた。

心地いい風が吹き抜ける和室に置いてあるクッションで寛いでいるみけちゃんを撫でたり、体に顔をうずめ思い切り吸い込んだりしながら、隣に並んでうたた寝していると幸せな気持ちになる。

縁側で一緒に座ってお話ししながら外を眺めたり、こたつに入っておやつをシェアしたり、『可愛いご褒美ご飯』はいつでも準備ＯＫや。

なあ、みけちゃん、みけちゃんとかあちゃんは親子やけど、時々は大親友みたいな関係やなあ。

12 みけちゃんのご褒美ご飯

特別な日の
スペシャルご飯

爪とぎ枕で
ひと休み

在りし日の
まんまる
みけちゃん

——女子会は大事にゃの。
うんうん。おやつとお喋りはセットやもん。
——かあちゃんのお喋りは長いにゃわ。
ええ！　みけちゃんも結構お喋りやと思うよ。

13 みけちゃん、アパートから一軒家へ

2010年　春

日差しが冬から春にかわり、頰(ほお)に当たる風も心地よくなり始め、みけちゃんもベランダで気持ちよさそうに日向ぼっこ。

そんな姿を眺めながらコーヒーを飲んでいた。

いつものように新聞の折り込みチラシを見て、

「今日は何が安いんやろ」

「なんか面白い情報ないかな」

と一枚ずつめくり、ふと目に留まった不動産情報。

【中古物件　3DK　日当たり良好　縁側・庭付き】

お？　お？　おおっ!!

いつか地べたの家に住みたい。

いつか一軒家に住みたいと思いながらも、不動産情報誌を見るとか、実際に不動産屋さんで探すとか、そんなに一生懸命探していたわけではないけど、新聞の折り込みチラシは割と見ていて、

「高いなあ。こんなんムリムリ」

「ああ、ここは車必須やな。チャリ族の私には厳しいわ」

「2階建てかあ、今はええけど年取ったら階段上るのしんどいし、平屋がええわ」

とまあ、そんな条件がいい、私の都合に合うような物件が見つかるわけもなく。

だけどこの日のチラシは、『そんなあなたにぴったりな物件ご紹介いたします』と聞こえてきそうなくらい目に飛び込んできた。

ええやん！

よく見ると平屋でリフォーム済み！

お値段もちょっと頑張ったらいけそうやん！

よし、内覧に行こ。電話しよ。

あ、ちょっと待って。その前にとうちゃんに相談せなあかんわ。

チラシを大事に仕舞い、とうちゃんが仕事から帰ってくるのを待った。

「とうちゃん今日な、こんなチラシが入ってたで。どう思う？」

「へえ、ええなあ。縁側あったらみけちゃんも思いっきり走れるなあ」

「やろ！」

翌日に内覧希望の電話をして現地に行った私たちは、ひと目で気に入り仮押さえをしてきた。

トイレが和式だったから洋式に、給湯器も新しく交換してもらった。

そして裏口に半畳ほどの屋根を付けてもらうようお願いをして、トントントンといろんな手続きも済みあとは引っ越すだけとなった。

引っ越し業者さんに相談をすると、

「梅雨時の6月、ちょっと早いけど朝一番の時間がお得ですよ」

「なるほど！」

「大安がいいとか拘らないのであれば、仏滅の日にするとさらにお得です」

「ほお！　それにします！」

引っ越しが大安ではなくても普段使っているものを一つだけ先に新居に入れておくといいですよと業者さんが教えてくれたから、それならばと大安の日に段ボール二つほど先に運んでおいた。

そして引っ越しの日。

梅雨真っただ中で空はどんよりしていたのだけど、明け方まで降っていた雨もやみ、新居の庭は少しぬかるんでいたけど荷物を運び込むことができたのは良かった。

荷ほどきを済ませある程度片付いてから、

「みけちゃん新しいお家やで。いっぱい走れるよ！　広いよ！」

にゃっほーい！

と喜んで走るかと思いきや、知らない場所、見たことがないところに連れてこられ、緊張のほふく前進。

すると突如走り出し向かったのは10センチほど隙間を空けてあったクローゼットと壁の隙間。

この時初めて、猫は緊張するとほふく前進をすることを知ったのであった。

アパートには勝手に入ってきたし、そんな姿見たことなかったもんね。

なあ、みけちゃん、出ておいで。
——いやにゃわ。
そんなこと言わんと。
——あたしムリにゃの。
みけちゃん、ご飯食べて。お水も飲んで。
——ご飯もお水もいらないにゃわ。
みけちゃん、トイレは？
——出ないにゃわ。
なあ、みけちゃん、鳥さんおるよ。
——知らないにゃわ。
なあ、みけちゃん、お家広くなったよ。
——………。

縁側でまったりみけちゃん

夜になっても出てこなくて、どうしよう困ったなあと思っていたのだけど、みけちゃんは夜中になると出てきてご飯を食べ、お水を飲み、トイレも済ませ少し家の中を探検していたらしい。だけど日中には10センチの隙間に入っていた。

「とうちゃん、みけちゃん出てこやへんわ」

「見守って待つしかないなあ」

「みけちゃん大丈夫やろか」

「ご飯は食べてるし大丈夫やろ」

「せやなあ」

二週間くらい経った頃だったかな、ようやくみけちゃんは日中も出てくるようになり、そのあとは縁側で日向ぼっこしたり鳥さんを眺めたり走り回ったり、やっと新居を楽しむようになり安心した。

ムリに引っ張り出さず、みけちゃんの意思に任せたのは良かったかもしれへんな。

広くて日当たりも良くて快適だったけど、すぐ横が線路で、単線とはいえ電車が通るたびテレビの音も電話の声も聞こえやんかったもんね。

電話中に近くの遮断機の警報が鳴り出すと、

「ちょっと待って。電車が来る」

とか言って中断してたし。

クローゼットの裏から出てきてからは電車の音にも慣れたけど、みけちゃんにしてみたら私たちが思う以上に大音量やったんやろな。


梅雨が明け夏の日差しを感じる季節。

家中の窓を開け湿度を含んだ風が通り抜けるのを感じながら掃除をしていた時、網戸が数センチ開いていることに気がついた。

え？　と思いながら視線を少し先に向けるとみけちゃんがいた。

え、外やん！

みけちゃん、そこ、外……。

血の気が引くとはこのことやわ。

めっちゃ焦ったけど気持ちは冷静に、冷静に。

みけちゃ～～～ん、何してるのかなあ。

そこはお外ですよぉ。

そ～っと網戸を開け、静か～に裸足(はだし)で地面におり、ゆ～っくり屈んでみけちゃんを抱き上げた。

「にゃあ」

私を見上げ、ご機嫌なひと鳴き。

あの時、笑顔に見えたのは気のせいやったんやろか。

電車が来なくてよかったあ

単線でよかったあ

ローカル線でよかったあ

早く気がついてよかったあ

みけちゃんが電車の音に慣れたとはいえ、家の中から聞く音と、外で聞く音では絶対に違うでな。

この日を境に、すべての窓と網戸にストッパーを付けた。

なあ、みけちゃん、かあちゃんあの時めっちゃ焦ったよ。

――あたし自分で開けたにゃわ。
えらいなあ。ってそうじゃないから。
――草を食べたかったにゃの。
言うてくれたら猫草買ってくるやん。
――新鮮な草が目の前にあったにゃわ。
それでも、やわ。かあちゃん心臓バクバクやったよ。

見返り美猫♪

ベランダでお花を愛(め)でるみけちゃん

14 みけちゃんに弟ができた話

引っ越しをして一年が経った頃。毎朝5時出勤のとうちゃんは帰りが早いこともあって、太陽の日差しはまだ高い時間ではあったけど、東から西へ風がよく抜ける台所で、夕飯はカレーにしようと支度をしていた。

するとどこからともなく、でもものすごく近くから猫の声が聞こえてきた。

この辺りは地域猫が多く、猫の声も朝から聞こえていたしさほど気にしてなかったのだけど、この時間こえてきた声はのんびりお散歩していますという声でも、誰か一緒に遊びませんかと誘っているような声でもなく、助けを求めている必死さがあるような気がして、

「あかん。これはカレー作っとる場合やない。探さなあかん。見つけなあかんわ」

みけちゃんも猫の声に気がついているようで声がする方を気にしていたから、

「みけちゃん、かあちゃん猫さがしてくるわ。待っとって」

いつもなら決して入らない、私の身長を超す雑草をかきわけ、猫の声がする方へゆっくり進んだ。

だんだん声が近くなってきた。すぐ側まで来てるはず。

猫さん、逃げやんといて、大丈夫やでな、と願いながら、そ〜っと草をかき分けた足元に仔猫がいた。

小さな穴の中で仰向けになり両手足をバタバタさせ必死に鳴いている仔猫をすくいあげエプロンで包み、

「みけちゃん、おったよ！　猫ちゃんおった！　仔猫やった！　かあちゃん見つけたよ！」

私の両手にちょこんと乗るくらいの、小さくて長い手足、まんまるな目。

なんとまあ、可愛らしい猫ちゃんなんや。

カラスやイタチに襲われる前に保護できて良かったわ。

でもちょっと待って。この子アメショやん。

アメショの野良ちゃんなんておらんよなあ。

この子どこの子？　お家どこ？

みけちゃんも興味深そうにしてたけど、草むらにいたし、もしかしたら虫もってるかもしれへんし病気があるかもしれやん。

まず病院へ連れて行こうと思い、とりあえず家にあった大きめの段ボールに猫ちゃんを入れ、トイレも要るよねと、カゴにトイレチップを入れ段ボールの中に置き、カレー作りの続きをしながらとうちゃんが帰ってくるのを待っていた。


山に日が沈みかけた頃、仕事から帰ってきたとうちゃんに状況を話し、そのまま病院へ。

「みけちゃん、ほなちょっと病院行ってくるで待っとってな」

段ボールに入ったアメショの仔猫は時々顔を上げてミィミィと可愛く鳴いていた。

「草むらにおったわりには虫おらんわ。生後二ヶ月半から三ヶ月の男の子やなあ」

「虫がおらんのやったら良かったわ。そっか三ヶ月くらいってこんなに小さいんや」

「みけちゃんの弟にするんやったら二週間後に予防接種に連れてきて」

「分かりました」

「病気があったらあかんで、みけちゃんから離してしばらく隔離した方がええな」

「はい」

アパートより広くなったとはいえ、隔離する部屋はなかったから洗面所に段ボールハウスとトイレを置き、

「お客様〜　ご飯ですよ〜」

と配達をして、

「お客様〜ご機嫌いかがですかあ？」

と様子をうかがいながら、もしかしたら探している人がいるのではないかと思い、町内会長さんに連絡して【仔猫保護してます】と回覧板を回してもらい掲示板にも張り紙をした。

お客様が気になるみけちゃん、一日何度も見に行き、私の顔を見て「にゃあ」とひと鳴き。

ん？　もしかして受け入れＯＫ？

おねえちゃんになれる？

保護して数日。
段ボールハウスをよじ登るピース

保護した直後はミィミィと鳴きか弱そうな雰囲気を出していた仔猫のお客様は、だんだん慣れてくるにつれ段ボールハウスの壁を器用に登り幅1センチ足らずの縁を歩くという芸を披露し始め、「出たらダメよ」と上にのせてあったワイヤーネットをどかし、とうとう洗面所スペースで遊ぶようになっていた。

「まだあかん、まだあかんよ、お客様～」

と今度は犬用ガードを置いて部屋の方へ来ないようにしたのだけど、うんしょ、うんしょとガードを押しのけ部屋側へ出て来て、

「これこれお客様～」

と私が駆け寄ることが楽しかったようで、きゃっきゃや、きゃっきゃと飛び跳ねるという遊びを何度も何度も繰り返していた。

そして私が気づかずにいると必ずみけちゃんが、

「かあちゃん、また出てるにゃわ」

と教えてくれた。

みけちゃん、頼りになるわあ。

「うちの子です！」と連絡があったらお別れが辛いから情が移りすぎないように二週間リミットでお世話していたのだけど、十日くらい経った頃には注文していた3段ケージが届き、ご飯入れやトイレなども揃え、そろそろ名前も考えてあげなあかんわと、庭のバラを眺め、黄色とピンクの複色バラの名前から「ピース」と決めていた。


あと二日、あと一日……。

やっと待ちに待ったリミットの二週間。

もう名乗り出てこないでね、うちの子、みけちゃんの弟にするからと、やっと予防接種に連れて行き、お客様ねこから『村上ピース』になった。

そして、みけちゃんの時と同様にカルテに書く誕生日が必要になり、保護した日が6月4日だったから、生後三ヶ月から逆算して3月4日をピースの誕生日にした。

その時先生から言われたことは、

「仔猫は手がかかるけど、優先順位はまずみけちゃんな。寂しい思いするし、ストレスになるでな。これは気をつけたって。それから、いきなり生活スペースを一緒にするのではなく、少しずつ、みけちゃんのペースで慣らしたって。このくらいの仔猫は元気いっぱいやでな」

なるほどと思い、ご飯の時とか、遊ぶ時など、名前を呼ぶいろんな場面でみけちゃんを先に呼ぶなど優先することに気をつけた。


なあ、みけちゃん、ピースの段ボール縁歩きすごかったよなあ。

――あたしも最初はびっくりしたにゃわ。

みけちゃんが見ててくれたから、かあちゃん安心して仕事できたよ。

――あたし、おねえちゃんになる準備してたにゃの。

もう分かってたん？

――そういうことにゃわね。


そうしてピースは、みけちゃんの弟になったのだけど、少しずつ慣らすためしばらくは和室に置いたケージの中だけで過ごさせていた。

大人しくしていたのはほんの数日で、3段ケージの中を上から下へ、下から上へ、時には斜めにジャンプ。お猿さんのようにケージの柵をつかみ、

「はんぎゃあ！　んぎゃあ！」

と大暴れ。

ケージ越しにピースを見ていたみけちゃんも怖がって和室に近づかないようになり、さてどうしたものかと悩みつつ、「遊びたいんやろな」と思い、和室を閉め切り私が側にいる時だけピースをケージから出し遊ばせるようにした。

存分に遊ばせると満足してケージで寝ていたけど、せっかく新居に慣れてピースのことも受け入れようとしていたみけちゃんが、部屋に近づけないようになってしまったのは可哀想だったな。

ピースが遊ぶ部屋を和室一間から二間と少しずつ広げていくと同時に、優先順はまずみけちゃんで、不安にならないように、ストレスにならないように心がけた結果、一ヶ月くらいでやっとみけちゃんが自分からケージに近づきピースを見ていた時は心の底からほっとした。

めでたくケージからも和室からも解放されたピースは、家中を走り回り、飛び跳ね元気いっぱい。

みけちゃんが「うるさいにゃわ、静かにするにゃわ」って怒ってもお構いなし。

ほんの一ヶ月ほど前は、小さな穴に落ちて怖くて不安になってたもんなぁ。

おねえちゃんができて嬉しさ全開やったんやろな。

せやけど、ほんまによく暴れてたから、みけちゃん大丈夫やろかって心配したわ。

「とうちゃん、ピース一日中走り回って騒いどるわ」

「みけちゃん大丈夫なん？」

「逃げまわっとるんさ」

「ピースにはこの家が狭いんちゃうか？　外の方がいっぱい走れるし楽しいんちゃう？

ピースにもみけちゃんにもストレスになってへん？」

「せやけど、保護した子を今更外に出されへんやん」

「先生も言うてたやろ。みけちゃんのストレスにならんように、って」

「せやでなるべく私がピースの相手するし、みけちゃんの負担にならんようにするわ」

みけちゃんを抱っこして、かあちゃんがどれだけみけちゃんのことを大好きで大切なのか伝え、ピースが別の場所にいる時はみけちゃんと遊び、そのあとピースの相手をするようにして、さらに一ヶ月くらい経った頃だったかな。

ふと縁側を見ると、みけちゃんとピースが風でゆれるレースのカーテンの向こうに並び日向ぼっこをしていた。


初めて見た時は、そりゃあもう感動して仕事どころじゃなくなってしばらく眺めてたなあ。

みけちゃんの気持ちが安定してきたんやなって思ったけど、みけちゃん優先は変わることなく、

「ご飯ですよー」って呼ぶ時も、

「おはよう」って言う時も、

「ただいまー」って言う時も、どんな時も名前を呼ぶのはみけちゃんが先。

おねえちゃんの自覚がどんどん大きくなって自信が付いたみけちゃんは、私がご飯の用意をしている時にピースが「早く早く」と騒ぎ出すと、

「まだにゃわわ。大人しく待つにゃわ」

ってパシパシッと猫パンチ。

するとピースが大人しくなっていたからみけちゃんに一目置いてたんだと思う。

ま、猫パンチったって、みけちゃんも本気じゃなくてそこんところはちゃんと力加減してたんだから、やっぱりみけちゃんはすごい！

なあ、みけちゃん、最初は大変やったし、みけちゃんにはたくさん我慢させてしまったけど、躾（しつけ）までしてくれて時々一緒に遊んであげてくれて、かあちゃん嬉しかったよ。ありがとうな。

――ほんとにゃわわ。やっと新しいお家になれてきたと思ったら仔猫が来たにゃわね。

でもさ、ピースって仔猫の時、ほんっとすごかったよなあ。

――あたし、猫じゃなくて小ザルかと思ったにゃわ。

みけちゃんはいつもどんな時も、品良く遊んでたもんね。

――でもあたし、ずっと一人っ子だったから可愛い弟ができて嬉しかったにゃわよ。

ピースは遊び相手をとうちゃん、私、みけちゃんと気ままに変えながら、体力をめいっぱい使い切って遊び、食べて元気いっぱい。

でもやっぱり遊び相手をしてほしいとのおねだりをしていた相手はみけちゃんだった。

暴れん坊ピースを
躾中のみけちゃん

まだお客様だった頃の
洗面所にいたピース

分かるんやなあ。

ピースが来た頃、段ボールの縁を歩いてたのもすごいと思ったけど、その後も直径5センチほどのボールに両手足を乗せ〝玉乗り歩き〟をしたり、ケージのてっぺんに登って降りられなくなった時、私が「おいで」と腕を伸ばすと〝腕歩き〟をしたりするなど、運動神経の良さを披露していた。

腕歩きはともかくとしても、玉乗りができたらテレビ局が来てめっちゃ有名猫になってたかもしれへんな。

あれ!?

玉乗りして腕歩きもしてたんやったら、やっぱり小ザルってことになるやん!

15 みけちゃん、母性急上昇

ピースとの距離も日に日に近くなってきて、互いのお鼻を近づけて挨拶をしたり、並んでお昼寝をしていたり、日向ぼっこをすることが多くなってきたから、ずっと一人っ子だったみけちゃんが今までできなかったことを、ピースが来たことでできるのではないか。

複数猫と言えば……！　あれが見られるんちゃう？　と期待した。

そう、私が待っていたのは『猫団子』。

猫同士が毛繕いし合ったり、境目が分からないくらいキューッとくっついて、お手々どこ？　尻尾は？　ってくらい一体化しているあの光景。

しかし、待てど暮らせど見ることはできず。

並んで寛いでいることはあったけど猫団子にはならない。

みけちゃんが十三年近く一人っ子だったからなのか、いや、ピースも団子になることは特に求めていないように見えた。

ほどよい距離感を保ちながら、同じ空間にいることが心地よかったのかも。

すべての猫が猫団子になるわけじゃないんやな。

みけちゃんとピースは猫団子にならなくても、ピースはみけちゃんが側にいることで安心し、みけちゃんもピースの側にいながら見守ってたんやな。

最初はほんまにどうなることかと心配したけど、かあちゃん諦(あきら)めず気長に待っててよかったわ。

それもこれも、みけちゃんが受け入れてくれたおかげやな。


家の周りは車の往来も少なく、地域猫（中にはお家がある子もいた）には過ごしやすい環境だったからなのか、庭には時々ねこさんが遊びに来ていた。

最初に来たのは黒猫、のちに『またたびちゃん』と命名。

「せっかく庭付きの家に住んだんやし、みけちゃんが好きなまたたびの木を植えよか」

「猫のことはあんたの好きにしたらええやん」

「ほな一本買ってみるわ」

そして届いたまたたびの苗。
「ちっさ！　これでいつおもちゃ作れるん？」
とうちゃんは言ったけど、
「まあ、数年後には……」
確かに小さかった。でも成長は早いと書いてあったし大丈夫やろ。
♪　大きくなったら　作るね～ん
　　またたびおもちゃ　作るね～ん
ちょっと小さすぎるしこのまま地植えにすると雑草に負けるし、成長が早いらしいから
いったん鉢植えにして大きくなったら地植えにしようと思い、根付いた数日後……。
すくすく育ち30センチくらいになった頃、まさかのできごとが起こった。
水やりをしようと庭に出ると、時々庭に遊びに来ていた黒猫さんがまたたびの苗に体を
こすりつけ、くねくねさせながら遊んでいた。
これこれ猫さん！
このまたたびはみけちゃんとピースの為に買ったんやで。
あーあ、もうボロボロになってるやん。

さぞかしお楽しみになられましたね。

この日から、黒猫さんは「またたびちゃん」になった。

苗が小さすぎたからあかんのやな。

私は気を取り直し、もう少し大きめの苗を買い、今度こそはと最初から地植えにして周りをワイヤーネットで囲った。

みけちゃん、今度は大丈夫やでな。

かあちゃん、しっかり囲ったもん。

みけちゃんとピースが喜んで遊ぶ姿を早く見たくてわくわくしていた。

ああ、それやのに。

みけちゃん、まただめになってしもた。

——またたびちゃん、一人でパーティーしたにゃわ？

そうみたい。葉っぱも枝も噛んで悶えて楽しんだ形跡があったわ。ちゃんと四方を柵で囲ってあったのに。

——かあちゃん、四方だけにゃわ？

え？　うん。

——上が開いてたらジャンプして入るにゃわね。

ああ！　たしかに！　猫やもんなあ。

——かあちゃん、またたびはみんな好きにゃの。

せやな。残念やけど、木はもう諦めるわ。


またたびの木がよほど楽しかったのか、それともまた植えるのを待っていたのか、またたびちゃんはその後もたまに遊びに来るようになり、素通りしていくこともあれば網戸越しに部屋の中を覗いていることもあった。

ピースが外を眺め楽しんでいる時に、またたびちゃんが目の前に来て、

「にゃにゃにゃにゃっ！」

と鳴き、

「にゃあ」

とピースが応えているようなことがあったのだけど、それに気づいたみけちゃんはピースの前にスッと入り、

「ダメにゃわ。ピースはあたしの大事な弟にゃの」

と、またたびちゃんを追い払い守っていたことがあった。

ピースを保護してからまだほんの数ヶ月しか経ってなかったけど、みけちゃんの行動にすごくすご〜〜く驚いたし感動した。

みけちゃんって、すごい。

本当にすごい。


なあ、みけちゃん、ピースを守ってくれてありがとう。

——あたし、おねえちゃんにゃの。

ピースも嬉しそうやったな。

——弟は守るにゃわ。

みけちゃんの愛やな。


みけちゃんの躾のおかげなのか、暴れん坊だったピースはすっかり大人しくなり、みけちゃんに猫パンチされることも、「シャーッ」と怒られることもなくなり、物静かな少年になっていた。

みけちゃんはものすごーく甘えっ子ではないけど、それでも時々、「んぅ」とも「くぅ」とも聞こえるような声で鳴きながら側に来て、きゅっとすぼめたお口と、細めた目で私の方を見て顔を小さく振ることがあった。

これはみけちゃんの、

『抱っこしてほしいよ』

『お膝に乗りたいよ』

『ちょっと甘えたいよ』のサイン。

この声が聞こえた時に私が立っていて抱き上げると、みけちゃんは抱きやすいように、そして抱かれやすいように両足を曲げて体勢を整える。

そして私が座っている時には、

『お邪魔しますよ』

と自ら膝の上に乗りに来た。

その仕草がとても可愛くて、いつもどうぞどうぞごゆっくりと、みけちゃんが寛ぎやすいように膝の上にフリースを置いたりしていた。

みけちゃんの重みと温(ぬく)もりが心地よく、寛ぎ熟睡
すると何時間も動かなくて、

「みけちゃん、かあちゃん足が痛くなってきたよ」

と言ってもお耳がピクッと動くだけ。

私が足を少し動かすと、

「かあちゃん、動かんとってにゃわ」

とひと鳴きし寝返りを打った。

「みけちゃん、かあちゃんトイレに行きたいよ」

と言うと、チラッと見るだけ。

「ちょっとごめんな。待っとって」

とみけちゃんを下ろし、トイレから戻ってくると、

「早く座ってにゃわ」

と待っていた。

そんなみけちゃんが、かあちゃんはたまらなく可愛かった。

だけどピースだってお膝には乗りたい。

ピースを見守るみけちゃん

みけちゃんに一目置いていたピースは奪ってまで乗ろうとせず、みけちゃんが膝に乗っていない時に、

「ぼくもお膝に乗りたいにゃ」

と、側に来て、

「おいで」

と私が自分の足とトントンとたたくと嬉しそうに乗ってくる。

みけちゃんと違ったのは、ピースは抱っこが苦手。

お膝は好き。

撫でてもらうのも好き。

でも、抱き上げられることは今も変わらず嫌がっている。

トラウマになるようなことは何もなかったと思うし、理由は分からないけど、とにかく抱っこは苦手なのであった。

それぞれ性格はあるんだろうけど、ほんまになんでなんやろ。

なあ、みけちゃん、ピースはなんで抱っこが苦手なんかなあ。

――穴に落ちていたからにゃわ。

え？　穴と抱っこ関係あるん？

――両手足だけ出てて体は動かせへんかったにゃわ？

うん。それがトラウマになったってこと？

――たぶんにゃの。

お膝に乗るのと撫でてもらうのは好きやのになあ。

――あたし、抱っこの良さを教えられなかったにゃわね。

みけちゃんも教えようとしてくれたんやな。


いろんなことをみけちゃん優先にしてきたからなのか、いつの間にかピースは待つことを覚えていたのだけど、

『遊びたいなあ』

『遊んでほしいなあ』

という時には私のことをじっと見ていて、

「ピース、遊ぼっか！」

と声をかけると可愛いカギ尻尾をピョコピョコと振り、スキップするように遊びたい部屋まで誘導していた。

ピースのスーパーハイジャンプは、ほんっとにカッコよくて、体を空中でひねり1メートルくらいは跳んでいたんじゃないかな。

体が小さかった時は全力で走ってみけちゃんを困らせていたけど、私と遊ぶようになってからはジャンプ系が追加され、しなやかにジャンプ！　風のように駆け抜けるダッシュ！

少年ピースは元気いっぱいやったな。

なあ、みけちゃん、ピースはいつの間にか遊び相手をかあちゃんにしてたよなあ。

――あれはね、あたしが言うたにゃの。

みけちゃんにはもうムリ。ついていけませんって？

――違うにゃわ。かあちゃんの相手してあげないと寂しがるにゃわ。

え、あ、そっち⁉

16 みけちゃん、甘々かあちゃんに呆れる

２０１２年10月

購読している中日新聞の折り込みに週一で入ってくるローカル紙で『三重ふるさと新聞』というものがあって、新店舗情報や県内のイベント情報などがメインで時々【犬・猫もらってください】コーナーがある。

朝のまったりした時間に何気なく見ていた紙面に、片腕が茶トラ柄でほかはキジトラ柄の仔猫の写真。そして「もらってください」の文字が。

「めっちゃ珍しい柄やなあ。会ってみたいやん!!」

一応とうちゃんに聞かなあかんと思い、仕事から帰るのを待ち、「おかえり」のあと「ただいま」の声を聞いたか聞いてないかの間で、

「猫がな、仔猫なんやけど珍しい柄の子がおってな」

説明しながら紙面を持って歩き、

「猫のことはあんたが決めたらええやん」

「分かった！　じゃあ電話してみる！」

すぐに連絡をしたら、

「ああ、その子はもうお家が決まったんです。他にも掲載してたんで」

「そうですか。分かりました」

私が電話を切ろうとしたその瞬間、

「あ、あの！」

「はい？」

「他にも可愛い子がいるんです。会うだけでもいいので見てやってくれませんか」

「はいっ！　ぜひぜひ!!」

「では明日、連れて行ってもいいですか？」

「もちろんです。よろしくお願いします」

私の、そうですか、の声が落胆しているように聞こえたのか、はたまたボランティアさんとはそういう感じなのか分からないけど、爽やかな秋晴れになった日の午後、ボランティアさんと一緒に来た仔猫は、私の片手、手のひらに収まってしまうような、生後一ヶ月のサバ白の仔猫だった。

まあなんというか、ほんまに小さくてね。

こんな小さい子、私に育てられるやろか？　とちょっと不安になったくらい。

ピースを保護した時はそれなりにしっかり猫らしくなっていたけど、このサバ白仔猫ちゃん、全体的なバランスが、というか、「にゃあ」と鳴いた時の口がデカかった。

いちいち比べて申し訳ないけど、ピースはそんな大きなお口じゃなかったし、もちろんみけちゃんも思いっきり開けてもお口が小さい。

横に大きく広がる口を見てとうちゃんがひと言。

「化け猫みたいやなあ」

その当時の写真をお見せしたいのだけど、私としたことがこの時期に撮ったたくさんの写真をなくしてしまったのだよ。

なんていうおバカなんんだ、私は!!


さて、話を戻して……。

ボランティアさんが言うには、兄弟と思われる、まだ目も開けていない仔猫5匹が段ボールに入れられ放置されていたらしい。

そして、我が家に来た子が一番小さくて弱々しく、他の子たちはすでにお家が決まったと言っていた。

ピースが来た時、大音量で「はんぎゃあ！」と鳴いていたことを思うと、仔猫のサバ白ちゃんは、なんとも頼りなくちっちゃな声で一生懸命鳴いていた。

その声が、

「もうどこにも行きたくないよ」

「ぼくはここに居たいよ」

と言っているように聞こえ胸がきゅっとなった。

「小さいけど、もう離乳食じゃなくて仔猫用のドライフードで大丈夫です」

と言われ少し安心し、ケージや毛布、ご飯入れ、お水入れ、それからおもちゃなど一式持参で、まずはみけちゃんとピースが受け入れられるかも含め、二週間のショートステイをすることになったのだけど、あまりにも小さくて弱々しいもんだから、生きてるやろか、元気やろかと何度も確認しながら過ごした。

ショートステイの期間、みけちゃんとピースは交代で、時には二人一緒にケージに近づき仔猫のサバ白ちゃんを興味深そうに見ていた。全然威嚇（いかく）してへんやん！　受け入れてるやん！　大丈夫！　家族になれるわ！

ピースを迎えた時は、みけちゃんが和室に近づかなくなったりして大変やったから結構慎重に様子を見ていたけど、今回は全然大丈夫。

みけちゃん、すごい！　やっぱりみけちゃんはすごい！

ショートステイの期限が近づいた頃、ボランティアさんに連絡をして正式に迎えることを伝え、持ってきてもらったケージなどはそのまま使わせてもらうことにした。

特に毛布は自分の匂いが付いているだろうし安心するもんね。

条件の中には迎えた子の成長している姿を写真に撮って定期的に送ること、病気になったらすぐに病院へつれていくことなど、細かくたくさん書かれていたような気がするけど、さすがに覚えてないな。

そして最後に言われたのは、最初にボランティアさんが仔猫のサバ白ちゃんを連れてきた日、私を観察し、家の中もチェックしていたらしい。

1　本当に猫が好きか

（家の中に猫グッズなどあるか）
2　家の中を綺麗にしているか
（猫が誤飲するとあかんからね）
3　みけちゃんとピースの表情や毛並み
（虐待とか手入れとか）

などなどなど。

ほえ〜〜〜である。

合格して良かったわぁ。


そして無事迎えたわけだけど、まだ目を開けていなかった子を保護して世話をしていたボランティアさん、帰り際に何度も後ろを振り返り、目に涙を浮かべていた。

夕方の少し遅い時間で薄暗い中、振り返った表情はホッとしたような、悲しいような笑顔で、

「あの、やっぱりお迎えなしにしましょうか？」

と声をかけた。

ケージでの隔離から解放された頃のパレオ

すると、

「迎えてくれると嬉しいんですけど、毎回寂しくなるんです。でもそんなこと言っていたらキリがないですから」

つい言ってしまったけど内心ほっとした。

「そうですか！　ではやっぱり今回の話はなかったということで！」

なんて言われたら私が困るわ。

だって二週間一緒に過ごしたし、なによりみけちゃんとピースも受け入れてたんやもん。

そしたらもう家族やんな。


そしてこの二週間のうちに名前も決めてあった。

「村上パレオ」

今回も庭に咲いているバラから命名。

初めて会った日が10月28日で生後一ヶ月と言っていたから、誕生日は一ヶ月さかのぼって9月28日に決めた。

よく食べよく寝てよく遊び、元気いっぱいだったけど小さすぎたこともありしばらくは

16 みけちゃん、甘々かあちゃんに呆れる

ケージの中で過ごしていた。

ところがどうもウンチがゆるい。

仔猫だからなのか、環境が変わったせいなのか分からなかったけど、食べ物もボランティアさんから引き継いだものだったから変わったものも食べさせてない。

だけど毎回ゆるゆるだったのでこれはあかんと病院へ連れて行った。

なあ、みけちゃん、思わぬ出会いやったなあ。

――珍しい毛柄の子が来るかと思ってたら普通のサバ白やったにゃわ。

あはは。まあそんなこともあるわな。

――かあちゃんは適当にゃの。

みけちゃん、人生、にゃん生、勢いも時には大事やで。

そしてパレオは診察の結果、コクシジウム症であることが分かった。

見せてもらったレントゲンには糸みたいなものが写っていて、どうやらそれがパレオのおなかにイタズラをしていたとのこと。

っていうか、コクシジウムってなんだ？

みけちゃんとピースは虫も病気も連れてこなかったから「へ？」となった。

先生から言われたのは、感染症だから、ちょっと可哀想だけどパレオはケージに隔離して、使った毛布類は毎日消毒すること。パレオを触った手でみけちゃんとピースを触らずまず手をしっかり洗うことなど注意事項がいろいろあった。

なんやエラいことになってきたなあと思ったけど、幸いと言うべきか、まだその頃はケージの中で過ごしていたしパレオもそれほどストレスにはならなかったんじゃないかな。

しかしこのコクシジウムという虫。

感染するならボランティアさんのところにたくさんいる猫ちゃんたちにも移っている子が居たら大変だと思い連絡をしてみたけど、どの子も感染してないと聞きホッとした。

確認だけして電話を切ろうとしたら少し焦った様子で、

「病気の子を引き取ってもらうのは申し訳ないから他の子と交換させてください」

そう言われたけど、一緒に住んで一ヶ月近く経ってたし、なによりもうすでに家族やん。

パレオ自身も安心してるしまた戻したら可哀想やん。

他の子と交換なんて、これっぽっちも考えてなかった。

ケージの中で過ごすパレオは外からおもちゃを入れると喜んで遊び、ボールを中に入れてあげると楽しそうに遊んでいた。

だけどだんだん元気になってくると、

「出してにゃあ！」

「ぼくもそっちに行きたいにゃあ！」

「おねえちゃんたちと遊びたいにゃあ！」

と騒ぎだし、出たい気持ちが強すぎて、ある時ケージの柵から頭だけ出してもがいていた。

えーーーーーーーっ!!

出てしまったパレオもびっくりしたかもしれやんけど、それを見たかあちゃんはもっともっと、もーーーっとびっくりしたんやでな。

急いでとうちゃんを呼び、出たんやから戻せるやろと、そっと押してもムリ。っていうか、怖い。じゃあ、引っ張り出すしかあらへんな、と思ったけど、こんな小さい頭を引っ張るのは危険すぎる。

体や体！　そ〜っと頭を引っ張りながら体をすぼめさせて出そうと、私ととうちゃん、どっちが頭を支えどっちが体を押しながらすぼめさせたのか焦りすぎて記憶にないけど、とにかく無事にケージの外に出せた時は、まあ、もう、ほんとに安心した。

その後、もっと柵の間が狭いケージはないものかと探し見つけたので注文。

届くまでの間はクリアファイルをカットして広げたものをぐるっと貼り付け、頭が出ないようにした。

元のケージは5センチだったけど購入したケージは4センチ、このケージに変えてから出ることはなくなったから1センチの差って大きいんやな。


数日後、先生の許可も出て、ケージ隔離から解放ーっ！

みけちゃ〜ん、ピース〜

みんな揃って日向ぼっこできるよー!!

みけちゃん、ピース、パレオ、3にゃん並んでご飯を食べている姿を初めて見た時は感激したなあ。

うちの子たち、可愛すぎるやん。

私の子や、大事な私の子どもたちやん。

それぞれが好きな場所で日向ぼっこをしていたり、遊んでいる姿を見ていることは何よりも癒やしで穏やかな良い時間。

ねこって、モフモフって最高やん。


パレオはみけちゃんとピースに見守られ、スクスク元気に成長し、もう私がついていなくても大丈夫かなと思っていた時、
あら？　あらら？

パレオの指の間、ハゲてへん？

一か所だけ、毛がなくつるんとしていたからまたまた病院へ。

診察の結果、『ハクセンキン』と言われた。へ？　ハクセンキン？

この前はコクシジウムやったな。

っていうか、『ハクセンキン』ってなんぞや？

なんか、まあ、うん、人間でいうたら水虫みたいなものらしい。

ということで、処方してもらった消毒石けんで一日三回洗うことになったのだけど猫や

し、まず濡れるの嫌よね。

当然嫌がる。

先生から、手を洗ったあとにご飯。嫌なことのあとに嬉しいことがあるって覚えさせるといいよと教えてもらい実践。

これがまあ、うまくいかへんのよ。

ご飯が待ってても濡れるのは嫌。

まあそうやわな、猫やもん。

それでも洗わなあかんかったから、首根っこを片手で掴んで洗面台の縁に乗せ、もう片方の手に石けんを付けて洗おうとしたけど、暴れることったら！

パレオ〜　大人しくして〜

パレオ〜　じっとして〜

パレオ〜　お手々洗お〜

はあああ、怒ったらあかん
叱ったらあかん

嫌やもんな　濡れるの嫌やわな
ふぅっと深呼吸して歌を歌いながら洗ってみると、パレオは私の顔を見上げ大人しくなり、なんと喉をゴロゴロ鳴らし出した。

かあちゃんの歌とパレオの嬉しいゴロゴロで楽しいハーモニーやん。

いけるな、これでいけるやん。

歌って楽しい手洗いタイム！

それからは嫌がらないようになり、ハクセンキンも無事退散。

そしてその時のことはパレオの楽しい記憶となって残っているのか、今でも私が鼻歌を歌い出すと膝に乗り甘えている。

これって素敵なことやん。

え、どんな歌かって？

毎回、歌詞もリズムも変わるデタラメ歌よ。


♪　パレオ〜は〜

　　可愛い〜

　　大事な〜子〜

バイキンさんは〜
バイバイね〜
大好き大好き
パレオちゃん〜
かあちゃんお手々を
洗うのよ〜

なあ、みけちゃん、パレオは次から次へ何かと病院へ行ってるよなあ。
——だからってかあちゃん、ちょっと甘やかしすぎにゃわ。
そうかなあ。
——かあちゃん、自覚ないにゃわ？
ちょっとだけある。
——かあちゃんが甘やかし過ぎたから、パレオは今でも性格が仔猫のままにゃわね。
たしかに。それは言えてるな。
——眠たい時、すっと寝ればいいのにいつもグズるにゃわ。

お膝の温もりを知った
パレオ

末っ子パレオ、本領発揮！

ああ、あれなあ。ちょっと遊んであげると寝るけどな。
——ほんと、手のかかる弟にゃわね。

みんなで入った初めてのこたつ

17 みけちゃんに任せとこ

みけちゃん、ピース、パレオが仲良く並んでご飯を食べていたり日向ぼっこをしたりしている姿を見ながら過ごす日常は、柔らかな空気に包まれているようで心地いい。

そして時折、うーんと伸びをして寝返りを打ったり「んにゃあ」と鳴きながら部屋の中を歩いたり「かあちゃん遊ぼ」と誘いに来たり、猫時間がゆったり流れていく。

仕事の手を止め、可愛い我が子たちがどこにいるのか、何をしているのか見て回るのも私にとって大事な日課となっていた。

ある時、仕事をしていると「うー」っと低くうなるような声が聞こえてきたから何事かと見に行くと、ピースが毛を逆立て外を見ながらうなっていた。

そしてピースの後ろにはおびえた顔をしたパレオ。

よく見ると網戸越しに黒猫さん。

あ！　またたびちゃんやん!!

ピースの迫力にびっくりしたのか、またたびちゃんはイカ耳になりながらこちらを見ていたけど、しばらくするとバイバイまたねと言わんばかりに去って行った。

ピースは自分が仔猫の時、みけちゃんが外猫さんから守ってくれたことをちゃんと覚えていて、今度はパレオを守ってくれたんやな。

見ていてそれが分かったから、

『ピース、けんかしたらあかんよ』

ではなくて、

『ピースえらいなあ。パレオのこと守ってくれたんやな』

って撫でたらめっちゃ得意顔。

パレオ、おにいちゃんが守ってくれて良かったなあ。

って、あれ？　みけちゃんは？

そう思ってぐるっと見渡した部屋の奥に、ことの成り行きを見守りながら寝そべっているみけちゃんがいた。

みけちゃんがピースを守り、
今度はピースがパレオを守る。
自分より小さい子は守ること、
みけちゃんが教えたんやな。

なあ、みけちゃん、ピース頑張ってたなあ。
――ちょっと頼りないけど守れたにゃわね。
いつの間に教えてたん？　かあちゃん知らんかったわ。
――なんでもタイミングがあるにゃわ。
そうなんやな。みけちゃん、さすがやな。
――かあちゃん、ピースとパレオの躾はあたしに任せるにゃの。
うん！　お願いな！

ピースに追い払われた？　またたびちゃん、懲りたかと言えばそうではなく、その後も時々遊びに来ていた。

並んでご飯。
並び順はいつも
一緒。

ピースとパレオは慣れてきたようで、またたびちゃんが庭を通ったり覗いていることに気がつくと「にゃっにゃっ」といいながら部屋から部屋へ追いかけるようになっていた。だけどみけちゃんは別。ダメなものはダメ。

気持ちよく日向ぼっこをしている側を通っていくと「シャーッ！」。ケンカになることはなかったけど、みけちゃんにはしっかりルールがあって、ピースとパレオは家に迎えた自分の弟で守る存在だと認識していたんだと思う。

遊びに来る猫はまたたびちゃんだけではなくなってきて、次にやってきたのは黒猫の〝キヨトちゃん〟。

（ちょっと寄り目でキョトキョトしていた）

白猫の〝シロモチくん〟。

（ドテッとした体格で貫禄があった）

この子たちはたまにしか来なかったし人慣れしていて逃げることはなかったけど、一定の距離感を保っていた。

「おなか空いたらおいで」

「行くとこなかったらおいで」

と声をかけていたけど、いい体格していたし家があるのか、あちこちでご飯を食べてたんやろな。

そしてある時からシャム猫ちゃんが遊びに来るようになり、まあこの子が人なつっこい。またたびちゃん、キョトちゃん、シロモチくんと一緒で呼んでも来やへんやろなと思いながら「おいで」と声をかけると……来た！

しかも私の手に顔をスリスリ、ごろんと寝転び撫でてアピール。よく見ると首輪をしていて名前と電話番号が書いてあった。

〝もも〟

そっか、あなたの名前は、ももちゃんなんやな。

ももちゃん！　って呼ぶと「にゃあ」って可愛く返事するんやわ、これが！

おぬし、人間の扱いがうまいやないかあ。

ももちゃんはほぼ毎日遊びに来るようになり、なんならご飯も食べていき、庭で寛ぐ姿も見られるようになっていたから裏口の軒下に段ボールベッドを置いたら当たり前のように帰ってくるようになった。

ピースとパレオはももちゃんが来ると、どこどこ？　と窓から窓、窓から玄関と走り回り探していたけど、みけちゃんが静かに見守ることに徹していた姿は堂々としていて頼もしかった。

私が庭で、ももちゃんと遊んでいた時は網戸越しに見張ってたけどね。

度々遊びに来ていたももちゃんをみけちゃんも次第に受け入れるようになり、網戸越しではあったけど、みんな並んで寛ぐようになっていた。

なあ、みけちゃん、ももちゃんってすごかったよなあ。

――あの子、毎日来てたにゃわね。

カーテン開けたら「おばちゃん、ご飯！」って待ってたもんなあ。

――ももちゃん、名前付きの首輪なくしてたにゃわわ。

そうそう！　ももちゃんは夜もあちこち行ってるから、かあちゃん反射材付きの首輪を買って付けたもん。

ももちゃんは私やとうちゃんが庭作業をしていると側でお昼寝をしていたり、ネズミを捕まえて見せにきたり、自由気ままに過ごしていた。

時には、木に登って「おばちゃん見て！　もも、木に登ったよ！」と呼ぶこともあったし、物置小屋から屋根の上に飛び乗って私を驚かせたこともあった。

そしてそんなももちゃんのことを、みけちゃんは半ば呆れたような目で見ていて、ピースやパレオのように「ももちゃん、ももちゃん」と網戸越しの交流はなかったけど、もしかしたら、万が一の時は、

「あたしの妹になるにゃわ？」

と思っていたのかも。

頼もしいニャルソック

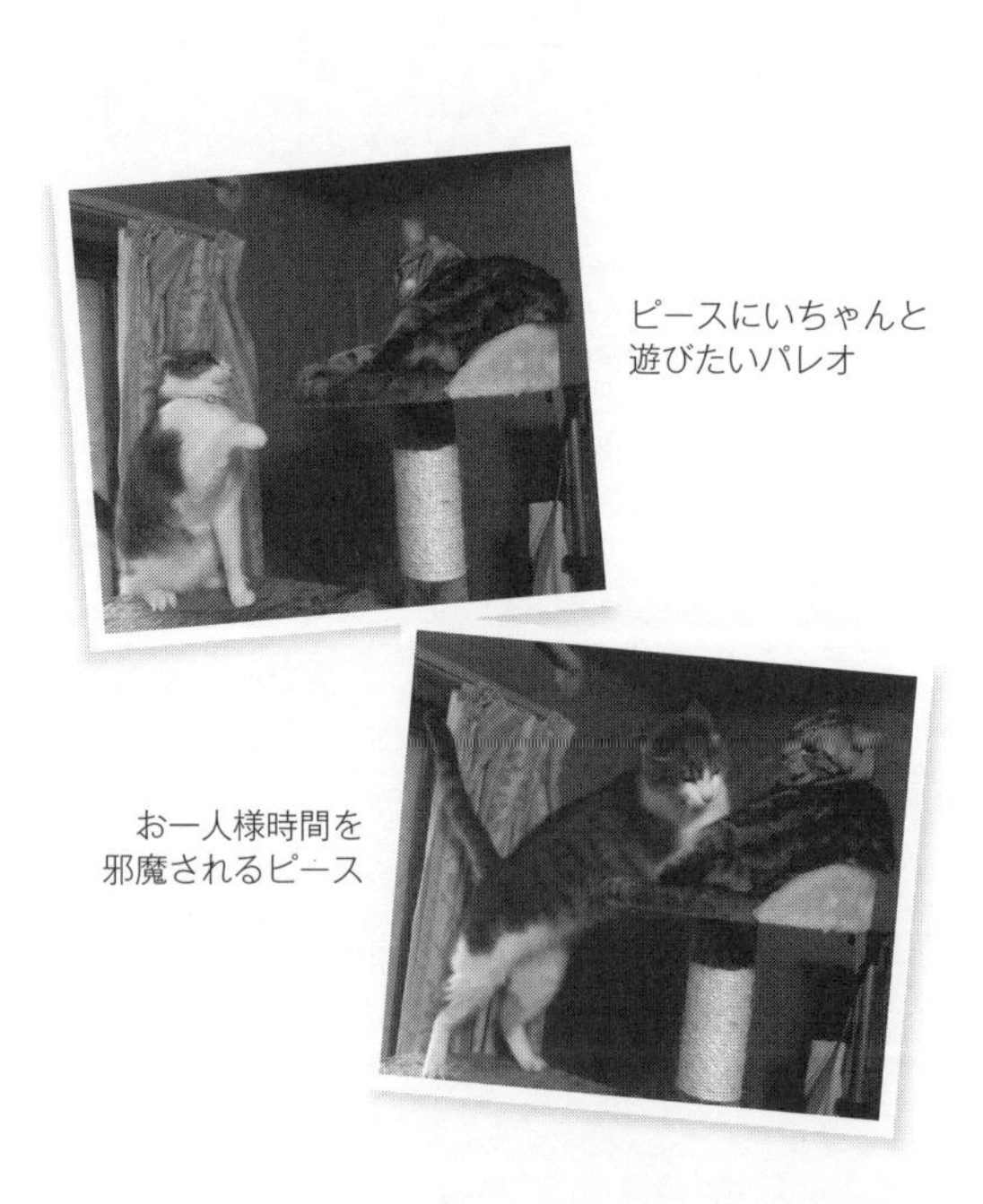
ピースにいちゃんと遊びたいパレオ

お一人様時間を邪魔されるピース

18 みけちゃんの言い分

長年一人っ子、一人娘で過ごしてきたみけちゃん。

もちろん全てがみけちゃん中心で、とうちゃんとかあちゃんの愛情を独り占めしてきた。

14歳になる少し前にピースが来ておねえちゃんになったのだけど、暴れん坊の弟に振り回されながら時間をかけて距離を縮めていった。

なあ、みけちゃん、ピースは短距離選手並みに走って、跳躍選手並みに跳んでたから、時々みけちゃん「静かに！」って手を出して制してたよなあ。

——そうだったにゃわね。

だってかあちゃん、引っ越しする時、ゆっくり日向ぼっこできるよって言うたにゃわ？

ああ、言うた、言うたなあ。

最初は大変やったけど、日向ぼっこできたやろ?

——遊び相手はかあちゃん、躾と日向ぼっこのお供はあたしだったにゃわわ。

そやから今でもピースの遊び相手はかあちゃんやな。


ピースが落ち着いてきた頃にパレオが来て、まあ最初はケージの中だったからピースの時とは少し状況が違ったけど、おねえちゃんとしての自信をつけていたみけちゃんは、尻尾をゆらゆらさせて遊ばせ、パレオの相手をするようになっていた。


なあ、みけちゃん、パレオともよく遊んであげてたよなあ。

——パレオは走るより寝転がって遊ぶ方が好きだったにゃわ。

そうやな。みけちゃんはそれぞれ遊び方を変えてたってことやな。

——パレオは小さすぎたし、いきなり病気ばかりしてたから弱かったにゃの。それにあたし、ピースの相手で体力使ってたからパレオまで走り回られたら無理だったにゃわね。

たしかに。でもかあちゃんは、みけちゃんが遊んでやってくれてたからずいぶん助かったよ。

パレオが寝転がって遊ぶの、今も変わってへんけどね。

ピースとパレオは年子だけど性格が全く違うもんだから一緒に遊ぶことがなくて、それまで遊んでくれていたみけちゃんにはちょっかいを出すことはあったけど、成長するにつれお互いの遊び相手はかあちゃんに変わっていた。

まあね、10歳以上離れているし、元気印をつけた弟の相手はしんどいよね。

なあ、みけちゃん、みけちゃんファーストを心がけてきたけど、パレオに手がかかってたからちょっと寂しい思いさせたかもしれへんなあ。

――寂しかったけど、あたしおねえちゃんだから我慢したにゃの。

かあちゃんのお膝はみけちゃんの場所やったけど、パレオが来るようになって遠慮してたのはみけちゃんやったもんな。

「あたしも……」ってかあちゃんの顔見てたから抱きあげて一緒に乗せてたもんね。

――パレオがまだ仔猫の時は一緒に乗れたけど、パレオったら自分が大きくなったことに気がついてなかったにゃわ？

ほんとそれ！　かあちゃんの膝にスペースがないと、みけちゃんの上に乗っかってたしね。

――あたし、重かったにゃの。潰れるかと思ったにゃわ。

パレオはひっつくの好きやもんなあ。

今もまだ仔猫の気分が抜けてへんところあるし。

みけちゃんは本当にいいおねえちゃんで頼りっきりになってしまっていたけど、やっぱり甘えたい時もある。

足元にまとわりつき頭をコツンとぶつけてみたりスリスリしてみたり、お風呂やトイレに付いてきて待っていたりしていた。

お風呂に入っている時にはガラス越しに姿が見えるもんだからちょこんと座っている姿が愛おしくてつい、戸を開けて顔を見たり、「待っとってな」と話しかけたりしていた。

お風呂から出る前に掃除をしていると、ドアに映るスポンジの動きに合わせてお手々をタッチしたり、泡を流すシャワーの流れを目で追っていたり、遊ぶみけちゃんの姿が可愛くて、手を止めてみたり強弱を付けてみたりして遊んだ時間も大切な想い出。

楽しかったなあ。

みけちゃんが待ってると思うと、急いでお風呂から上がってたのだけど、まだ体も拭いてなくて身支度も整えてないのに頭をコッツンしてスリスリ。

「あたし、待ってたにゃわ」

「寂しかったにゃわ」

ってアピール。

「みけちゃん待って〜、かあちゃんまだ拭いてないよ〜」

「かあちゃん早くにゃわよ」

お風呂についてきたり待っていたのはみけちゃんだけやったから、あの時間は、ピースとパレオに邪魔されへん二人だけの『お風呂上がりのほこほこタイム』やったもんね。

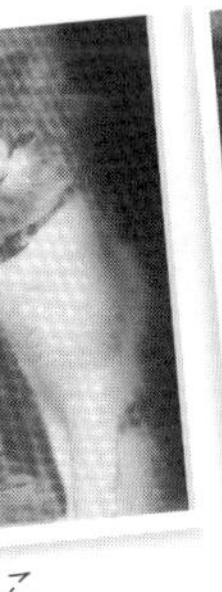
仲良く並んで日向ぼっこ

ストーブ前集合！

19

みけちゃん、江戸後期築の古民家へ

出会いは突然やってくる。
人生、予定外のことは……まああまあある。
店を始めたこと
みけちゃんが来たこと
児童文学作家になったこと
アパートから一軒家に引っ越したこと
それから、ピースとパレオを続けて迎えたこと、など。
みけちゃん、ピース、パレオがこたつに入り、かあちゃんもちょっと入らせてもらうよ
と足を入れ、ぬくぬくしながら何気なく見ていた新聞の折り込み紙。
毎度おなじみの『三重ふるさと新聞』。

私の目が釘付けになったのは、【犬・猫もらってください】コーナーではなく、〈売り物件　蔵付き古民家〉。

最初の引っ越しはいつか地べたに住みたいという理由だったけど、とうちゃんと私、じつは古民家に憧れていた。

新聞の不動産情報を見ては、

「とうちゃん見て、この古民家ええなあ」

「どこなん？」

「○○町」

「遠いな」

「せやな。チャリ族の私には厳しいわ」

「オレもいずれ免許証返納せなあかんしなあ」

「それにこんな山奥では編集担当さん、打ち合わせに来てもらえへんわ」

「電車ないしな」

「まず市内から遠すぎる」

なんて会話を毎回していたのだけど、この日見た記事は違った。

「とうちゃん、めっちゃ近いで！」

「どこなん？」

「△△町。□□の近く」

「ええやん」

「やろ！　見に行く？」

「せやな」

早速内覧の電話をしてその日の午後、見学に行った。

「うっわ！　めっちゃ広いやん！」

「日当たりええし、みけちゃんたち喜ぶなあ」

「母屋だけでも広いのに離れもあるんや！」

「みけちゃんたち、走り回れるなあ」

「あちこちで日向ぼっこもできるわ」

「ひゃあ、この蔵2階もあるやん！」

アトラクションに乗ったくらいのテンションで見学したとうちゃんと私。

「とうちゃん、どうする？」

みけちゃんはドライブが好きで
パトロール中は眼光鋭い

「あんた、どう思うん？」

「気に入った。ほしいなあ、とうちゃんは？」

「ええと思う」

「あの蔵は図書室にしたい」

「お、いいなあ」

「やろ？　で、うち肝心のお金あるん？」

「管理しとんの、あんたやん、どうなん？」

二人でコソコソ話してるのを、不動産屋さんがチラチラ見てた。

一回目の引っ越しから約十年。

ローンの返済もやっと終わったところのことだった。

一回目の引っ越しと大きく違ったのは、古民家が江戸後期築（蔵と離れは明治築）の家でほぼそのままだったからリノベーションが必要だったこと。

まず業者さんに見積もりを出してもらったのだけど、金額を見て目ん玉飛び出るとはこのことやなと思った。

ムリムリムリムリムリ!!

ムーーーリーーー!!

ぜーーーったいに無理やん！

還暦前のとうちゃんと50過ぎの私、私たちも無理やけど銀行だって貸してくれへんわ。

業者さんに3パターンくらい見積もりを出してもらったんやったかな。

最終的に銀行と相談してローンを組み、

「これだけしか無理なのでこれでできるところだけお願いします」

となり、今度は業者さんとリノベーションの優先順位を相談した。

少しでも自分たちでできるところはしようと、とうちゃんは大工さんにマンツーマンで床の張り方を教わり、私は離れの砂壁を塗った。

とうちゃんは板のサイズが微妙に違ったり斜めだったり、私は若葉色の珪藻土(けいそうど)で綺麗な壁にするはずが古壁用下地がうまく付かずボロボロ落ち、仕上がった壁は見事なミントチョコのような壁になったけど、これもまたええやん。

二人して汗だく埃(ほこり)まみれになりながら手を入れるのは大変だったけど、それはそれで結構楽しかった。

それから約一年、ようやく引っ越しができることになり、1月下旬、前回と同じ引っ越し業者さんに連絡をした。

「大安がいいですか？」

「いいえ、全く拘らないので一番安い時で」

「3月4月になるとシーズンに入って高くなるから2月のこの時期が一番安いですよ」

「えっ!?　もうすぐやん！」

「奥さん、ここはちょっと頑張って二週間で荷物まとめてくださいね」

さわやかな笑顔で言われ、ふうっと深く息を吸って、

「はい、頑張ります」

料金を抑えるためトラック一台分を少しずつ運んでいたとはいえ、まあなかなかきつかった。

前はみけちゃんだけやったけど、今度はピースとパレオもいる。

大丈夫やろか……。

心配して考えて、思いついた。

そうや！　内覧したらいいかもしれへん！


引っ越しの一週間くらい前だったかな。

みけちゃんを病院へ連れて行く予定があったから、みけちゃんだけ家の中と庭を見せ、

「みけちゃん、今度のお家はここやでな。広いやろ。日向ぼっこいっぱいできるよ」

抱っこして見せて回り、言い聞かせた。

よしよし、落ち着いてるな。

数日後、今度はみけちゃん、ピース、パレオを一緒に連れて、ひとまず家の匂いだけ覚えてもらおうと居間だけの内覧。

何も無い部屋に30分くらい居たかなあ。

もうすぐ、このお家に引っ越しするでな。

広いからいっぱい走れるし、日向ぼっこもいっぱいできるでな。

と言い聞かせ、ウロウロしていたけど怖がるとかなかったからいけるかも、とひと安心。

そして引っ越し当日。

2月とは思えないくらい無風快晴引っ越し日和（びより）。

みけちゃん、ピース、パレオをそれぞれキャリーバッグに入れとうちゃんの車に乗せた。

トラック二台で業者さんが来て、あっという間に積み込み出発。

車の中はキャリーバッグに入れられ怖がる我が子たちの大合唱。

待っとって〜な〜

少しだけやでな〜

大丈夫やでな〜

かあちゃんの声、届かず。


「奥さん、これはどの部屋？」

「あ、それはこっち」

「この箱は？」

「それは奥の部屋に」

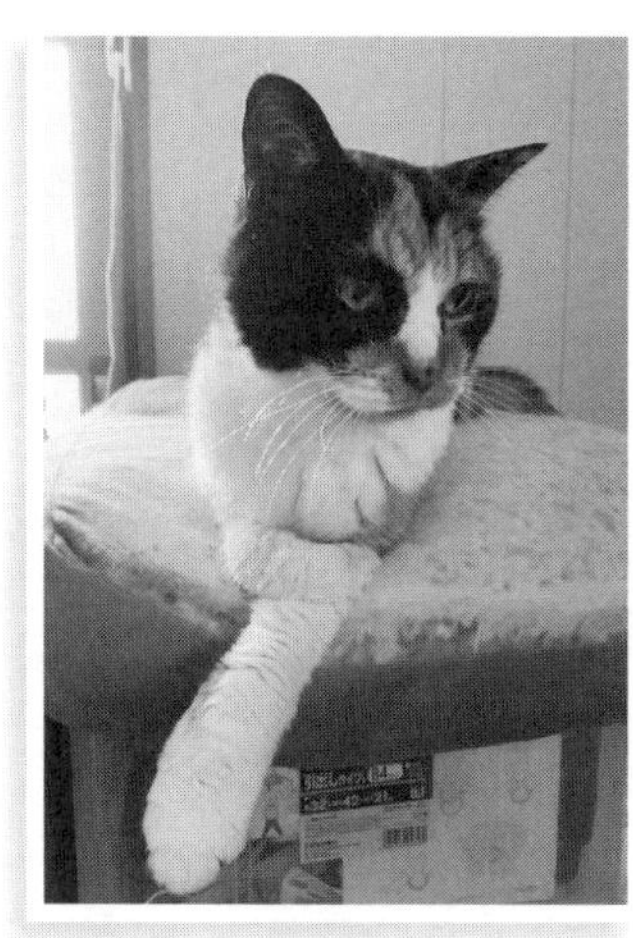

お手々のばして握手会？

「え、奥？　広っ！　戻るのどっち？」

「まっすぐ行って右」

「これは？」

「玄関入って右の部屋で」

とうちゃんは業者さんと一緒に運んでたけど、私は指示するだけ。

業者さん仕事めっちゃ早い！

積み込みから全ておろし終わるまで2時間くらいで完了してた。

最後に一人のお兄さんがキャリーバッグをのぞき込み、

「犬ですか？　猫ですか？」

「みんな猫なんです」

「わあ、猫ちゃんなんやあ。めっちゃ可愛い。ぼく、猫好きなんです」

かあちゃん、大満足のひと言もらってご満悦。

大きな荷物とすぐに使うものだけ荷ほどきし、あとは生活しながらボチボチ片付けることにして、まずみけちゃんたちが新しい家に慣れることを優先した。

居間でみけちゃんたちをキャリーバッグから出し、時間をかけてろうドをはさんだ反対側の部屋まで行動できる範囲を広げた。

内覧の効果があったのか、誰も怖がったりせず、部屋の中をあちこち見て回り、匂いを嗅ぎ、寛いでいた時は本当にホッとした。


なあ、みけちゃん、引っ越した日、みんなもっと騒ぐと思ってたけど落ち着いてたな。

――あたしは引っ越しするの二回目だったたし、先に見に来てたから大丈夫だったにゃわ。ピースとパレオは一回しか来やんかったけど大丈夫やったなあ。

――かあちゃん、お引っ越しするよって毎日のように言うてたにゃわわ。

せやなあ！　分かってくれてたんやろか。もしかして、みけちゃんからも教えてくれてたん？

――うふふにゃの。

そういえば、ももちゃんにも引っ越しのこと一年かけて言い聞かせてたから、だんだん来やんようになったよなあ。

――あの子は甘え上手で可愛がってくれる人があちこちにいるからきっと大丈夫にゃわね。

うんうん、せやな。それに、引っ越しの直前に飼い主さんにも会えたしな。

——一晩だけ家に居てまた放浪にもどったらしいにゃわ。

あはは。ももちゃんは自由がいいんやな。


引っ越したのが2月初旬だったから日差しが暖かくなる頃まで様子を見ながら行動範囲を離れまで広げていった。

家が広いから度々みけちゃんたちがどこに居るのか、何してるのか探してるけど、みけちゃんとピースとパレオ、それぞれお気に入りの場所を見つけて日向ぼっこをしている姿を見て、やっぱりこの家を買ってよかったと思った。

あとは、頭がクラクラするような返済があるけど、かあちゃん頑張るで!!


なあ、みけちゃん、そういえば引っ越しした翌日、ほんっとにたまたまやったけど獅子舞が回ってきたよなあ。

——あたし、獅子舞なんて初めて見たにゃの。

みけちゃんも、頭噛んでもらったもんね。

——びっくりしたにゃわ。獅子舞の顔ってあたしの頭から尻尾まで入れてもまだ足りないくらい大きかったにゃわ。

たしかに！　みけちゃんの頭と獅子舞の片っぽの目が一緒くらいやったもんな。

――とうちゃんとかあちゃん、自分から獅子舞の口に頭を向けるなんて、あたしには信じられないにゃわね。

でもな、みけちゃんだけやで、あんなことしてもらえるの。ピースとパレオは絶対に無理やもん。

――してもらえ……。あたしは特別だったにゃわ？

うん、そうやで。猫界でもきっとみけちゃんだけやわ。

――なら、まあいいにゃわね。

古民家に引っ越して数日。すぐに馴染んでた

夜食の順番待ち。
奥からパレオ、ピース、みけちゃん

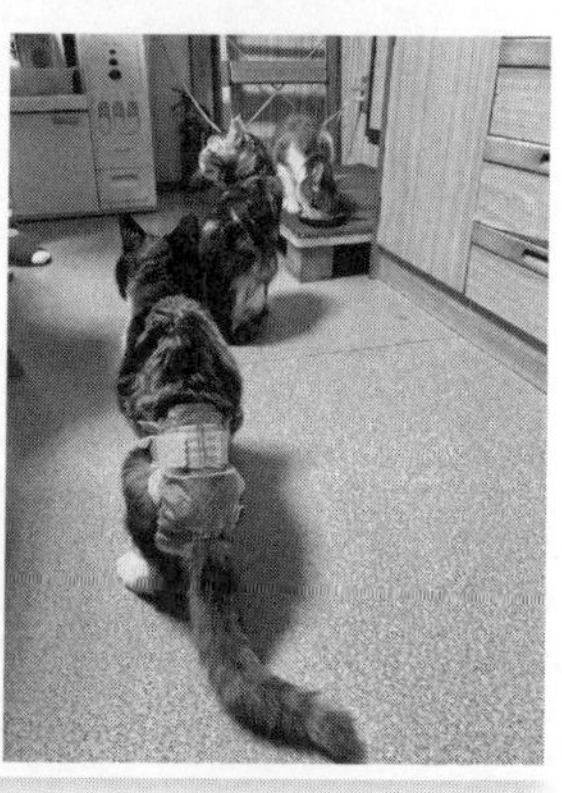

早春の頃。
抱っこでお庭散歩

20 みけちゃんの、ゆずれない話

みけちゃんは不思議な力を持っていると思う。

ピースを保護して、パレオはボランティアさんからだったけど、そのあとまたたびちゃん、キョトちゃん、シロモチくん、そしてももちゃんと次々と遊びに来るようになっていて、古民家に引っ越してからもこの辺りの地域猫やお家がある猫ちゃんが代わる代わる遊びに来るようになった。

相手をするのはピースとパレオ。

みけちゃんは、

「あなたたち、遊びに来るのはいいけど、あたしの大事な弟たちを怖がらせたらあかんにゃわよ」

と、奥で目を光らせていた。

引っ越してから四年弱の間に遊びに来た子は、キジ猫のキジちゃん（キジ猫やったから）、黒猫のモフちゃん（尻尾がモフモフしてたから）、同じく黒猫のダイゴロウ（大きかったから）、白黒猫のブチちゃん（たぶん飼い猫）。

よく来る子はキジちゃんで、時々ご飯を食べていく。

みんな人慣れしてるけど、キジちゃん以外の子は半径2メートル以上は近づかない。


なあ、みけちゃん、前の家も今の家もいろんな猫ちゃんが遊びに来るなあ。

——ねこ回覧板が回ってるにゃわ。

え、そんなんあるん？

——かあちゃん、猫のネットワークは広いにゃわよ。

なるほど。じゃあ、ここはいつ遊びに来ても大丈夫って情報があるってことやんな。

——まあ、そういうことにゃわね。

いろんな猫ちゃんが来るけど、そのわりに置き土産（みやげ）っていうか、落とし物を見たことないなあ。

——かあちゃん、猫はきれい好きにゃの。やりたい放題しないにゃわわ。目に付かない、踏んでしまう心配はない場所ですませてるってことやな。

——それ以上はデリケートな問題だから応えられないにゃわね。

それもまた、猫の魅力だねえ。


ピースとパレオは庭に来る猫さんには興味があるけど人が来ると逃げる。

特にピースはインターホンが鳴るだけで猛ダッシュ！

テレビから聞こえる『ピンポーン』にも「誰か来た？」と身構えるから、今のはテレビやで、と言うのだけど、一応音の違いは聞き分けてるのすごいと思う。

そして逃げて隠れてしまうのは、そんなとこどうやって入ったん？　というくらい狭い場所だから探すのが本当に大変。

パレオは何が基準なのか分かりづらいのだけど、逃げてしまう時と、スリスリしたり「にゃ〜ん」と可愛く甘えたりして「ぼくのこと見て」とアピールすることもある。

何度も来たことがある友達なら分かるけど、初対面の人でも相手によって態度を変えるパレオって、お調子者というかデタラメというか。

そしてみけちゃんはピースやパレオとはちょっと違う。

私の友達が遊びに来ると、

「あら、いらっしゃい。ゆっくりしていってにゃわ」

と挨拶に来る。

「みけちゃん、こんにちは」

「みけちゃん、可愛いなあ」

なんて言われると寄っていき、撫でてもらってご満悦。

でも、知らん顔されたり「あ、ねこ」とあまり興味がない反応をされると挨拶だけして別の部屋へ行ってしまう。

長く一緒にいるからきっとそうだろうなと気がついていたけど、毎回同じようなことがあると、やっぱり完全に人の言葉を理解していたなと改めて思う。


そしてみけちゃんは、ご飯の時間もきっちりしていて、友達がいても、仕事をしていても、電話中でも、お昼は11時半、夕飯は18時と決まっていたから、15分くらい前になるとそわそわし始め「かあちゃん、そろそろご飯の時間にゃわよ」とアピール。

時間が過ぎてくると、それはそれは大きな声で催促する。

なあ、みけちゃん、いつも時間きっちりやんな。

——あたし、ご飯の時間は大事にゃの。

みけちゃんが動き出すと、ご飯なんやなって分かったよ。

——かあちゃんはもっと時計を見て動いた方がいいにゃわね。

見てるつもりやけどなあ。

——時々とうちゃんにも言われてるにゃわ？

あ……。

——言われてるにゃわ？

いろいろあんねんって！

遊びに来ていた友達が帰る時、駐車場で喋っているとついまた長話になり、視線を感じる方を見てみると、

「かあ〜ちゃ〜ん」

と、呆れた顔をした、みけちゃんの姿があった。

ほんまにみけちゃんはしっかりしてるなあ。

しっかり者で物怖(ものお)じしないみけちゃん、繊細すぎるピース、お調子者のパレオ、個性豊かで可愛い私の子どもたち。

ストーブ前は大人気

エノコログサ大好き

お気に入りのワンピースで
ハイ、ポーズ！

21 みけちゃんと女優ライト

最初に猫の写真コンテストに出したのは、みけちゃんが13歳の時で、たまたま見かけた【2011 Central Park GW event】。

名古屋のどこかに応募写真を貼りだし、通行人に投票してもらう企画だったと思う。

ふわふわしたみけちゃんが両手足揃え横向きに寝転がってる「なんて可愛いんやろ」と親ばか丸出しの写真。

賞をもらおうとか全然狙ってなくて、どちらかというと、『通行人のみなさ〜ん、どうぞうちの可愛いみけちゃん見たってくださ〜い』という軽い気持ちで送ったら、なんとまあ入賞しましたと連絡があり、応募した写真をA4サイズに拡大した写真に7月〜12月のカレンダーが入ったものが届いた。

そりゃ嬉しかったよ！　どれだけの応募があったのか分からないけど、仔猫ちゃんもたくさんいたと思うのよ。
みけちゃんの魅力と可愛さが伝わったんやな！

なあ、みけちゃん、入賞やって！　すごいなあ！
やっぱりみけちゃんは可愛いってことやん。かあちゃん嬉しいわ。
——仔猫もいっぱい応募あったらしいにゃわね。
うん。年齢問わずやったでな。
——猫の魅力は年齢だけじゃないにゃわ。
せやな。でもさ、かあちゃんの撮り方もよかったんちゃう？
——かあちゃん、モデルがよかったんやと思うにゃわよ。
うんうん。モデルは大事や。
——あたし、モデルは得意にゃの。
そうやったな。またお願いするわ。

フォトコンテストで入賞したことをきっかけに、そうや、猫カレンダーモデルを時々どこかで募集してたんちゃうかな。

思いついたものの、私は間が悪いというか思いつきで動くから締め切り後だったり次の募集まで数ヶ月あったりしてタイミングが合わず、探し回ってやっと見つけたのは日めくりカレンダー。

日めくりカレンダーやったら枚数も多いし当選確率高いかも！

応募したのは生後半年くらいになったピースの写真で見事当選！

ケージの上段から下を見ているのどかな雰囲気が良かったのかも。

次はパレオやなと思って数回応募したのだけどなかなか当選しない。

なんぼ我が子が可愛くても毎回当選するわけないよね。

古民家に引っ越したのが２０２１年。

せや！　新居での生活も落ち着いてきたし、カレンダー応募してみよ、と検索。

『終了』『募集終わり』『締め切りました』

ああ、またや。

「みけちゃん、あっちもこっちも終わってるわ。かあちゃん、タイミングが悪いなあ」

と声をかけ諦めかけたその時!!

《PURINA　カレンダー2022年》＃いっしょがいいよね

ん?　これは……。

うちの子たちが食べてるご飯のブランドやん。

落胆する心構えをしながら、でもちょっと期待してクリックした。

なになに?

【募集　にゃん・わん数　15名】

え、猫と犬をあわせて15名⁉

【猫・犬だけではなくご家族全員撮影に参加】

全く問題ない。

あ、でもピースは逃げてしまうかなあ。

【写真応募ではなくプロのカメラマンが撮影】

すごい!　はい、喜んで!

【掲載月やページは選べません】

そんなわがまま言わへん。

カメラを向けると女優顔

【猫や犬が隠れてしまうなど撮影ができなくなった場合、撮影を中止させていただきます】

なるほど。みけちゃんとパレオは大丈夫やと思うけどピースはどうかなあ。

【応募締め切り　○月○日】

ん？　今日は何日や？

あ！　間に合うやん！

ギリギリやけど応募できるやん！

たしか締め切り三日か四日前だったと思う。

応募写真は一枚だったからみけちゃんにした。

(複数写ってるのはあかんかったんちゃうかな)

必要事項にはピースとパレオのことも書いて送った。

たぶんこういうのは関東の人とか都会の人が当選するんやろな。

だってプロのカメラマンが撮ってくれるんやろ。

松阪までは来てくれへんやろな。

ダメ元で送って数ヶ月後……。知らない番号から電話があった。

「カレンダーなんたらかんたら～」

たぶん、そんなことを言っていたと思う。

すぐに理解できず、それどころか新手の詐欺かセールス、もしくは勧誘か⁉　と疑い、「はい」「あ、そうです」「はあ」「へ？」と無愛想で塩対応だった私。

「えーっと、カレンダーに応募しましたよね？」

「ん？　ああああああーーーーーーーーっ‼　しました！　応募しました！」

やっときちんと理解できた。

電話をくれた人、困ったやろなあ。

「ええっ！　ほんまですか⁉　やったー！　嬉しいです！　ありがとうございます‼」

って反応ではなくて、めっちゃ疑ってたんやから。

猫と犬、合わせて15名でプロのカメラマンに撮ってもらうんやから当選するなんて思わへんやん。

びっくりしすぎて何回も確認してしもたし、最初に電話に出た時の声から三つくらい声が高くなったわ。

「つきましては8月に撮影に伺いたいのですがご都合いかがですか？」

「大丈夫です。いつでもかまいません」

「では撮影当日はカメラマンと弊社の社員一名で伺いますので、よろしくお願いします」

「こちらこそよろしくお願いします」

そしてその日の夕方、

「とうちゃん、カレンダーモデルに当選したんやけど、家族揃ってっていうのが条件なんさ。仕事休める？」

「へえ、すごいな！　いつ？」

「8月○日」

「分かった」

「プロのカメラマンやって。ピース次第やけど初めての家族写真になるかも」

そういう私に、

「そうやなあ。あんたかオレ、どっちかが撮ってるでなあ」

「楽しみやな」

撮影の日まで我が子たちはもちろん、私たちも体調を崩さないよう気をつけて過ごした。

2021年　8月○日

担当の社員Dさんとカメラマンのさん到着。

みけちゃんたちが別室にいる間に、めっちゃ本格的な女優ライト二つと、テレビで見るようなデカいレフ板が設置され、DさんとSさんが撮影場所や位置、角度を確認しているのを見ながら、

「とうちゃん、ドラマみたいやな」

「うん、すげーな」

とわくわくしていた。

「そしたらまずリハーサルしましょうか？」

とDさん。

「はい？」

困惑する私に、

「みけちゃんたちに自由に歩いてもらうリハーサルです」

「ほお、なるほど」

ハイ、本番です！

「あと、抱っこしてもらうリハーサルも。あ、いつもの感じでいいので」

うんうん。抱っこはいつもしとるでな。

「みけちゃんとパレオは大丈夫ですけどピースは隠れちゃってるので無理だと思います」

「分かりました。無理させるのは可哀想だから、ピースくんはリハーサルなしの本番でいきましょう」

「はい（大丈夫かなあ）」


私ととうちゃんはみけちゃんとパレオを抱っこしたり膝に乗せたり撫でたりして、

「みけちゃん、パレオくん、歩いてみよっか～」

「いいねえ。いいねえ。素晴らしい！」

「パレオくーん、もう少しこっち向けるかなあ」

「みけちゃん、下向いちゃったねえ。お顔上げられるかな」

みけちゃんとパレオは見事に！

そして完璧なリハーサルを終え、少し休憩を取ったあと、いざ本番!!

「ピース、出られる?」

「ピース、お写真撮ろっか」

「ピースくん、ほらおやつあるよ」

「ピース、ちょっとだけ頑張ろか」

居間にあるキャットタワーのBOXに入ったまま両手足をつっぱり、頑なに出ようとしないピースは、「ぼくはここでいいです」と、大きな目でカメラマンをじっと見ていた。

初めての家族写真やったけど、やっぱり無理かあ。

すると、

「キャットタワーごと運びましょう」

DさんかSさん、どちらが言ったのか覚えてないけどこの方法は大成功!

ピースはキャットタワーから出て逃げることなく、撮影場所になっていた母屋の和室に移動。

……したのはいいのだけど、ここで問題発生。

30分ほどリハーサルをしたみけちゃんとパレオは完全に飽きていた。

なあ、みけちゃん、明らかに飽きてたよね？

――飽きたんじゃなくて、あたしは自由にゃの。

たしかに自由に歩いてとは言うてたけど。

――あたし、リクエストには応えたにゃわ。

そうやな。パレオと頑張ったな。

――パレオはカメラに寄っていったりサービスしてたにゃわね。

でも本番は飽きてた。

――かあちゃん、それは仕方ないにゃわ。

でもまあ、キャットタワーの中とは言え、ピースも逃げやんといたから初めての家族写真撮ってもらえて良かったなあ。

――ピースが一番頑張ったにゃわね。


撮影は真夏。

エアコンを点けてたけど大きな女優ライトとレフ板で私ととうちゃんは暑くて暑くて。

みけちゃんとパレオが飽きてたからピースの近くに集合させ、カメラ目線になるように撫でたり抱っこしたり遊ばせたりして汗だくよ。

さらに、掲載月が冬になるかもしれないからTシャツでは都合が悪いと言われ、私はカーディガンを、とうちゃんは薄手のシャツを着ていたもんだからさらに暑くて、顔はテカるわ、額と首に汗が流れるわ、まあ大変だった。

そして思った。

女優さんってすごいな、と。

撮影は二時間くらいだったかな。

その間みけちゃんは、

「ほら見て、あたしのキャットウォーク。美しいにゃわ」

と歩き回り、

「おやつないんやったら、ぼくもう行くにゃ」

と部屋から出ようとするパレオ。

「それ以上ぼくに近づかないでほしいにゃよ」

とキャットタワーのBOXの中でカメラマンから目を逸らさないピース。

ピースはずっとカメラマンを見てたから、ある意味ずっとカメラ目線だったのは結果的に良かったけどね。

3にゃん3様、にぎやかなカレンダー撮影が無事に終わりホッとしたかあちゃんだった。

Dさんの家にも猫ちゃんがたくさんいて、カメラマンのSさんも猫の写真を多く撮られているから、猫ペースでいてくれたのがストレスにならず良かったのかも。


そして届いたカレンダー。

村上家は8月で、みけちゃん、ピース、パレオの性格がそのまま出ている普段通りの素敵な写真だった。

というか、我が家以外のねこちゃんわんちゃんは、ペット事務所所属ですか？　といいたくなるくらいきちんとしていたのに対し、我が家だけは素人感が思いっきり出ていて、よく言えばめっちゃ自由で自然。

思わず笑ってしまう8月の写真。

最高やん！　なあ、みけちゃん!!

22 みけちゃん花咲く、撮影日和

アパート住まいをしていた時、プランターで野菜やバラを育てていたのだけど、一軒家に引っ越してベランダ菜園から家庭菜園に変わり、小さいながらも畑ができてバラもだんだん増えていき、シーズンになると友達やご近所さんが見に来るようになっていた。

バラだけではなく、クリスマスローズや紫陽花(あじさい)、それからハーブ、季節の花が庭を華やかに彩っていた。

「やっぱりレモンの木が欲しいな」

と、とうちゃん。

しかしせっかちなとうちゃんは実がなるまで何年も待ちたくない。

ならばホームセンターの園芸コーナーや園芸店ではなく、直接農園へ行こかとなり、とうちゃんがええのんを見つけ農園の人に声をかけた。

「これ、欲しいです」

子どものおつかいのような分かりやすい言い方に、

「えっと……」

困るオーナー。

「このレモンの木、これがええわ」

「あの、いやあ、これは販売用じゃないんですよぉ」

たぶん、収穫した実をどこかのお店、飲食店に卸していたんじゃないかと思う。

「そこをなんとか！」

諦めないとうちゃん。

「えーっと、そうですねえ。この状態で掘り起こして運搬すると付いてる実が落ちるかもしれませんけどいいですか？」

「はい、いいです！　それはしかたない」

とうちゃん、粘り勝ち。

たわわに実ったレモンを付けた木が、我が家の庭にやってきて、とうちゃん満足。

もちろん私もね。

「とうちゃん、私な、梅の木も植えてほしい」

「どんな梅？　白？　ピンク？」

「しだれ梅」

「ああ、ええな。どこに植えるん？」

「裏庭の左側が空いてるやろ？」

「うん、ええな」

そうしてしだれ梅が来て、しっかり根付き毎年綺麗な花を咲かせるようになっていた。

お天気がいい日には、みけちゃんを抱っこして花の香りを嗅いだり、ゆっくり散歩をしたりした。「あたし、降りたいにゃわ」と抱っこされてるみけちゃんが足をもぞもぞさせ椅子(いす)におろすと、顔を上げマズルをぷっくり膨らませクンクン匂いを嗅ぎ、心ゆくまで外の空気を吸い込み嬉しそうな顔をしていた。

美毛にかかせないお日様も体中にいっぱい浴びたよね。

庭で咲いた満開の秋桜(コスモス)とみけちゃん

「とうちゃん、桜の木が欲しいな」

「ソメイヨシノ？」

「違う。河津桜」

「どこに植えるん？」

「表側の庭の隅。あそこどう？　大きくなったら陰になってええと思うんやけど」

「見に行こか」

「うん！」

数日後、ちょっとたよりないひょろっとした河津桜の苗が庭に加わった。

痩せ土やけど大丈夫やろかと心配したけど、桜って思ってるより強かった。

春を迎えるたび、花もどんどん増えていった。

「オレが土の世話してたからや」

と聞こえてきそうやな。

あ、私も毛虫とか付かへんように薬剤散布してたから、とうちゃんは地中を、私は地上を守ってたってことやな。

庭でお花見が楽しめるようになって数年。

まさかのできごとが!!

そう、古民家へ引っ越し。

古民家の広〜い庭にはすでにたくさんの木や花（花は主に紫陽花）があった。

「あんた、花どうするん？」

「バラとクリスマスローズ、アナベルは全部移植するけど紫陽花は向こうにもたくさんあるから置いていくわ」

「しだれ梅は？」

（うぐっ！　私が決めるんや。せやな、私がほしいって言うたんやもんな）

「持って行きたいけど向こうにも大きな老木の立派な梅の木あるもんなあ。可哀想やけど置いてこか」

「河津桜は？」

「持って行きたいな。桜って移植できるん？」

「分からん」

「だいぶ大きくなったから、このままではとうちゃんの車にのらへんやん」

「ダメ元でバッサリ剪定(せんてい)して掘ってみよか」

「うん。しだれ梅は成長がゆっくりやけど、桜は早いからもし家がなかなか売れへんかったら大変なことになるしな」

そうしてガッツリバッサリ剪定され、根っこも結構切られた河津桜、今は庭のど真ん中で立派に成長し、みけちゃんを抱っこしてお花見ができるくらいになっている。

そしてレモン。

農園で無理を言い、そこそこの、まあまあの、なかなかのお値段で譲ってもらった大事なレモンの木。

とうちゃんの世話もあって毎年数十個、いや100個以上は収穫ができていたレモンの木。

理屈だけなら移植できたのだけど、根が太く深く張り、残念ながら持って行くことができず諦めた。

今の家、古民家の庭は広く、とうちゃんは喜んで柑橘(かんきつ)系の木をたくさん植えた。

もちろんその中にはレモンも入っている。今度はホームセンターでひょろっとした苗を買ったからすぐたわわに実ることはないけど今現在、少しずつ成長中。

引っ越し祝いにもらったアーモンドの木、桜があるなら黄色の花も欲しいなと買ったミモザも加わり、梅、桜、みかん、バラに紫陽花と、季節ごとの花が咲く庭で、

「みけちゃ〜ん、お花が綺麗に咲いてるよ〜」

「みけちゃ〜ん、いいお天気よ〜」

お散歩日和、撮影日和で、モデルみけちゃんは大忙し。

雑草対策もかねて人工芝を敷き、みけちゃん撮影場所も作った。

みけちゃんは高齢だったけど、好奇心旺盛で気になることがあると歩くのがめっちゃ早い。よたよたしているからといって目を離したらどこへ行くか分からないお転婆さん。

「これこれ」と追いかけると、ニヤリといたずらっ子のような顔をして「んにゃあ」と可愛く鳴いた。

なあ、みけちゃん、お庭でいっぱい写真撮ったなあ。

——あたしは普通にお外を楽しんでただけにゃわ。

そうやな。みけちゃんはそのまま、自然のままが可愛いもんな。

——うふふにゃの。

袴姿で撮った写真は日めくりカレンダーで当選したんやったな。

――バラの前で撮った写真にゃわね。

かあちゃん、どの写真にしようかめっちゃ悩んだよ。

――ピースも当選したし、あとはパレオだけにゃわ。

かあちゃん、パレオも応募してるんやけどなあ。なんでやろ?

――パレオはあざとさが出るにゃわね。あたしみたいに自然な感じがいいと思うにゃわよ。

なるほどなあ、また応募してみるわ。


「とうちゃん、今日は暖かいし桜も見頃やと思うから、みけちゃん連れて松坂城跡へ行こか」

我が子たちがお昼ご飯とおやつを済ませたあと、いつもならお昼寝をするみけちゃんが起きていたので、とうちゃんに提案をした。

「そうやなあ。うん、行こ。みけちゃ〜ん、かあちゃんがお花見行こやって〜」

「んにゃあ」

みけちゃんがにっこりした。

おやつとおむつを持って、みけちゃんをキャリーバッグに入れ出発。

満開の桜とよく晴れた空、ぽかぽかと降り注ぐ日差し。

そよそよと吹く風。

最高に気持ちのいいお花見日和。

人もたくさん、わんちゃんもちらほら。

みけちゃん、人に対しては問題ないけど犬には気をつけながらキャリーバッグから出し抱っこして、

「みけちゃん、桜満開やなあ」

「みけちゃん、桜綺麗やなあ」

「みけちゃん、いいお天気で気持ちいいなあ」

と散策をしていると、

「わあ、猫ちゃんや。珍しいなあ」

(わんちゃんは多いからね)

「ええ！　めっちゃ可愛いーっ！」

(ありがと！)

「あ、猫ちゃんや、可愛い」

(見たって、見たって。私の娘やねん)

「おむつしてるの可愛すぎる〜」

(せやろ〜)

「わあ。大人しく抱っこされとる」

などなど『可愛い』とたくさん声かけしてもらったみけちゃんはご満悦。

かあちゃんも嬉しい。

私の顔もゆるゆるやったかもしれやんけど、すぐ後ろにいたとうちゃんの顔を見たらやっぱりほっぺた緩んでた。

人が少なくてわんちゃんも居ない桜の木の下にみけちゃんを降ろし自由に歩かせたら、おむつをしたおしりをぷりぷりして歩く姿のまあ可愛いことったら！

近くに居た人にまた「可愛い、可愛い」と言われていたみけちゃん。

スタスタ歩き、周りを観察する姿はとても25歳には見えず、周りにいた人たちがとても驚いていた。

なあ、みけちゃん、いっぱい可愛いって声かけてもらってよかったなあ。

——あたしより、かあちゃんが喜んでたにゃわ。

あ、バレてた？

——とうちゃんもにゃわね。

そりゃそうやわ。みけちゃんは自慢の娘やし、とうちゃんもかあちゃんも、みけちゃんが可愛いって言われたら嬉しいもん。

——親ばかにゃわわ。

あはは。親ばか最高やん！　お庭もいいけど、たまには他へ行くのもええなあ。

——ピースとパレオも一緒に行けたらもっと楽しいにゃわね。

かあちゃんもそう思うけど、無理やなあ。いつかそんな日が来るやろか。でもパレオはたぶん、花より団子やな。

——お花もかじるから部屋に置けないにゃわ。

そう、ほんとそれ。困った弟やなあ。

お花見をしていた30分ほどで撮った写真は四十枚ほどあった。

22 みけちゃん花咲く、撮影日和

みけちゃん、バラの香りにうっとり

松坂城跡へ桜見に行ったよ

お庭で散歩！

う～ん、いい香り。
お日様と風と鳥の声、嬉しいねえ

23 みけちゃん、スカウトされる

２０２３年11月

世の中にはいろんなＳＮＳがある。

Ｘ（旧ツイッター）、フェイスブック、インスタグラムなどなど。

元々はブログしかしてなくて、世間からずいぶん遅れてツイッターを始め、友達に勧められフェイスブックに登録し、読者さんに教わりインスタグラムをスタートさせた。

しかしながら、児童文学作家の私は新刊が出ること、重版になったこと以外、載せるものがない。

インスタグラムに関しては写真必須で、今で言う〝映(ば)える〟写真を撮るセンスもなければ絵描きさんのように素敵な絵も描けない。

なので、書籍の他に庭で咲いた花の写真や陶芸教室で作った作品をあげていたのだけど、ネタには限界があって我が子たちの写真を載せるようになっていった。

そして、みけちゃんが25歳の誕生日を迎えた日、テーブルにピョンと上がる動画をアップした数日後、思わぬことが起こった。

「みけちゃんの動画を拝見しました。フォトエッセイだしませんか？」

というような内容のメールが、とある出版社さんから来て驚いた。

びっくりして喜んで、喜んでびっくりした。

そして何度もメールを読んで……小躍りした。

みけちゃん、フォトエッセイやって！

すごいやん!!


なあ、みけちゃん、かあちゃんとみけちゃん、やっぱり親子やなあ。かあちゃんも作家になる時スカウトされて、みけちゃんもフォトエッセイのスカウトやん。

――かあちゃん、喜びすぎにゃわ。

だってみけちゃんをモデルに書いた作品はあるけど、そのままのみけちゃんフォトエッセイやで。

——かあちゃん、その前にエッセイ書いたことないにゃわね。

あ、そうやった……。


とにもかくにも近々上京する予定があったこともあり、出版社へ行き打ち合わせをさせてもらいトントン拍子に話が進み、12月にみけちゃんの撮影をすることになった。

「みけちゃんの朝食風景から入りたいんですけど、いつも何時に食べますか？」

ひゃあ！　早いなあ！

「朝はいつも7時半〜8時です」

「では準備もあるので一時間前の6時半頃に行きます」

ひょえ〜〜〜!!

みけちゃん、えらいことやで。

いや、みけちゃんよりピースやわ。

人がおったらご飯食べやんよなあ。

パレオは、まあ大丈夫やろ。

そして撮影当日。

時間ぴったりに、編集担当Mさん、ライターのIさん、フォトグラファーのOさん到着。

この日は12月にしては気温が高めだったけど、今にも雨が降り出しそうな厚い雲に覆われていた。

ピースは来客があると怖がることを事前に伝えてあったので、そう〜っと別室に入ってもらい撮影準備。

その間にみけちゃんたちのご飯の用意をして、

「みけちゃん、ピース、パレオ〜。ご飯よ〜、おいで〜」

いつもの声かけで撮影が始まった。


3にゃん揃って食べてるところを撮ってもらえたらよかったのだけど、ピースは家族以外の人がいると隠れてしまうから、この時はこたつの中にご飯を持っていき「大丈夫、大丈夫」と言うと、少し不安そうな顔をしていたけど食べていた。

怖がって食べてくれないと心配になるから完食してくれたことでちょっと安心。

みけちゃんは一食分を全部入れるより、少しずつ入れる方がよく食べるから、私がいつ

も後ろで待機して様子を見ながら少しずつおかわりのご飯を入れるのだけど、

「かあちゃん、もう少し入れて欲しいにゃわ」

と振り向く方向が左側で撮影は右側。

するとフォトグラファーのOさんが、

「みけちゃん、おかあさんの方ばかり見てるねえ。少しだけこっち（カメラ）見てほしいんだけど……」

次の瞬間、

「こうにゃわ？」

みけちゃん、ばっちりカメラ目線。その場にいた全員、みけちゃん賞賛。

「みけちゃん、すごいやん！」

ちゃんと言葉とその意味を理解してた。

その後もみけちゃんは、時々休憩を入れながら撮影クルーのリクエストに応え、歩いたりおもちゃで遊んだり、寝転んだり大忙し。

休憩中で寝ているところもたくさん撮ってもらった。

たまたまとか偶然ではなくて、しっかり要望に応え、普段なら興味がないおもちゃで戯れ、カメラの動きに合わせ動いていた。

お天気も良くなかったし、いつもならお昼寝してる時間、それでもみけちゃんは、「今日はあたしの撮影にゃわ」

と、ほんっとうに頑張っていたけど、だんだんと疲れた目になってきてたからかあちゃんは心配やったよ。

パレオはそんなおねえちゃんのサポートをするように、そして少しでも長く休憩できるように、

「ぼくを見て。ぼくも撮って。ほら、ぼくこんなこともできるよ」

とおもちゃで遊んで猛アピール。

姉弟愛(きょうだい)を感じた瞬間だった。

ピースはこたつの中にずっといたけど、離れに逃げて行くこともなく側にいたから、「いざとなったら、ぼくが……」と思っていたんじゃないかな。

朝7時半くらいからスタートした撮影が終了したのは15時過ぎでほぼ丸一日。

本当に！　長丁場だった。

とにかくみけちゃんを休ませてあげなくてはいけなかったこともあり、そのあと一時間ほどお茶にして、最後は私のプロフィール用の写真と外回りの撮影で、みんなが庭に出て私だけ少し早く家の中に戻ると、疲れて寝ていたはずのみけちゃんがテーブルの上に手をのせた格好で立ち上がり、私たちが食べていたシュトーレンを食べていてびっくり！

思わず笑ってしまったけど、その格好では危ないと思い、細かく砕いたシュトーレンを少しお皿にのせ、みけちゃんが食べやすいように差し出すと喜んで食べていた。

なあ、みけちゃん、かあちゃんほんまにびっくりしたよ。

——疲れた時は甘いものにゃわ。

そうかもしれやんけど、みけちゃんテーブルの上に手ついて立ち上がって食べてたやん。

——テーブルに上がったらお行儀悪いにゃわ。

え、いつもバターたっぷりパンちょうだいって上がってるよね？

——かあちゃん、コーヒーとかお皿とかいっぱいあったら危ないにゃわわ。

たしかに危ないな。さすがみけちゃん。

――今度はあたしも女子会に入れてにゃの。

うん、そうしよ。約束な。

疲れた時には甘いもの。人も猫も一緒やな。

それから四十数本のエッセイを書き上げ、4月26日、『25歳のみけちゃん』が無事刊行となった。

初めてのフォトエッセイ。

みけちゃんとかあちゃんの共同作業やったよね。

撮影のメインはみけちゃんやったけど、ピースとパレオもすっごく頑張ってくれた。

お昼寝もせず、おねえちゃんの側でしっかりサポートしてくれてたもんね。

とうちゃんは私と撮影クルーの方たちのお昼ご飯からお茶の用意までしてくれてたし、ピースとパレオの様子も見ていてくれたから、私は安心してみけちゃんに付きっ切りでいられた。

そして刊行四日後にはこれまた初めてのインスタライブを我が家から配信。

平日の朝9時からだったにもかかわらず、4200名ほどのみけちゃんファンの方が参加してくれた。

さらに、アマゾンの本の売れ筋ランキングで、ペット一般部門と猫部門でダブル一位となり、発売後即重版というおまけまで付いた。

みけちゃん、すごすぎるやん!!


すごいと言えば、児童文学作家という仕事をしていると取材を受けることがあるのだけど、みけちゃんは自分の取材なのか、かあちゃんの取材なのかよく分かっていて、

「今日は、かあちゃんにゃわね」

という日はほぼ顔を出さないのだけど、『25歳のみけちゃん』の刊行が決まったことをきっかけに『猫びより』の取材を受けることになり、年が明けた1月、ライターのSさんが来られた日、みけちゃんはそうすることが分かっていたかのように、自由に振る舞いながらもカメラの前を歩き、シャッターチャンスをしっかり作っていた。

ピースはあいかわらず隠れてしまっていたけど、パレオも当然のように参加しておねえちゃん大好きアピール。

かあちゃんと、みけちゃん好き好き大好き写真をたくさん撮ってもらった。

そして5月、中日新聞の取材。

記者さんとカメラマンさんが来られた時は、みけちゃんはちょうどお昼寝中で、「起こすのは可哀想だから待ちます。みけちゃんが起きたら連絡をください」と一度家を出られ待機してくださったことは、みけちゃんを大切に思ってくれているんだなと感じ有り難かった。

お昼ご飯の時間が近かったこともあって、記者さんたちが家を出て15分後くらいにみけちゃんお目覚め。

撮影はみけちゃんの負担にならないように配慮をしていただき30分ほどだったけど、みけちゃんらしい、自然で柔らかい表情をたくさん撮ってもらった。

そして記事が掲載になる前にみけちゃんが天国に行ってしまったため、追悼記事として掲載された。

パレオはこの日、少し離れたソファで寛いでいたのだけど、スッとみけちゃんの側に来て、みけちゃんの顔をしばらく眺めたあと、「おねえちゃん、ぼくが側にいるよ」というように、ゆっくりと見守るように隣で寝始めた。おねえちゃんのことが大好きなパレオ、もしかしたら何かを感じていたのかもしれない。

サービス精神旺盛

お疲れみけちゃん

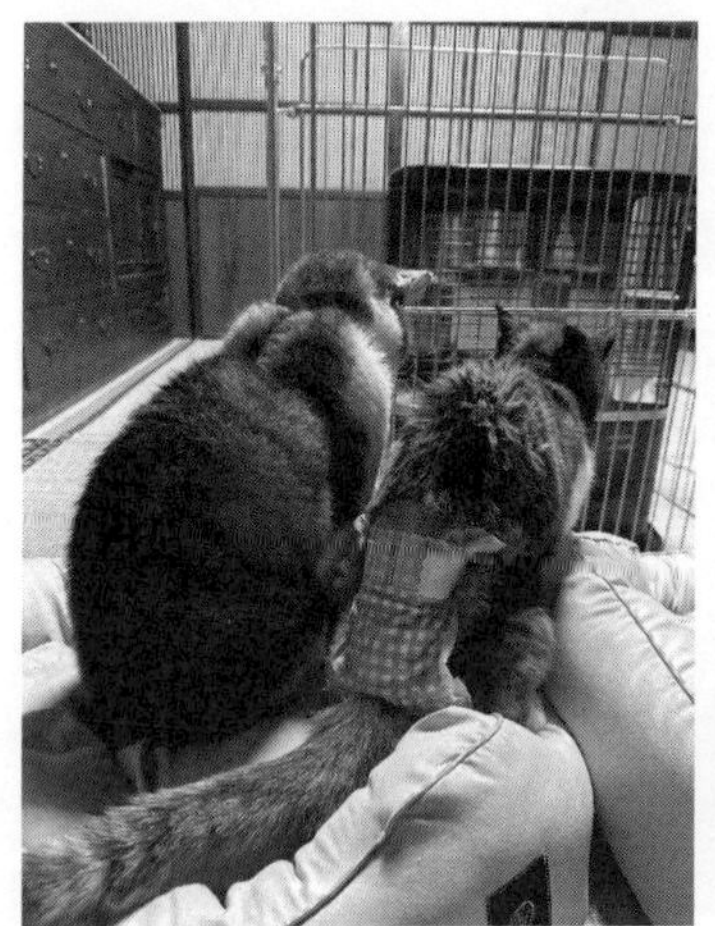
パレオはおねえちゃんが大好き

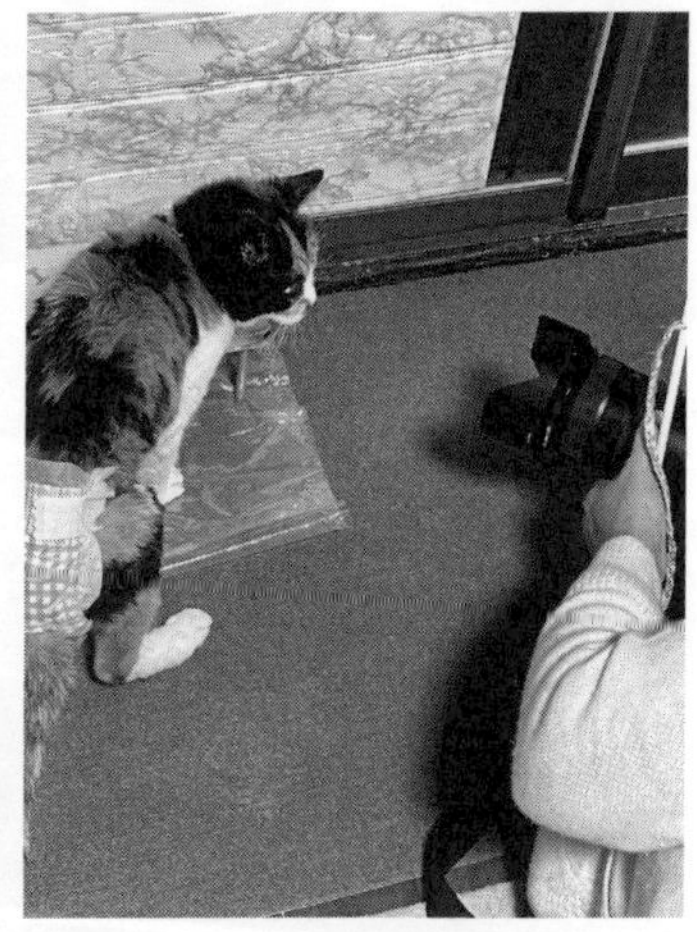
「こっち向いて～」
要望に応えるみけちゃん

24 みけちゃんの、にゃん生〝はなまる〟

２０１９年

「村上さん、これ、みけちゃん応募してみやへん？」

「え、なになに？」

「三重県獣医師会が主催してる長寿猫表彰なんやけど、どう？」

「するする、応募する」

病院で教えてもらった時みけちゃんは20歳。受賞できたらいい記念になると思い、必要書類を揃えてもらって応募をして数ヶ月。

「おめでとう。みけちゃん受賞したよ」

「わあ、みけちゃんよかったなあ」

賞状に入れる写真がいると言われたので、20歳の記念に買った振り袖を着せて撮った写真を送った。

着物と帯、これがペット用とは思えないくらいしっかりした作りで、みけちゃんのためにあつらえたんちゃうやろかと思うくらいよく似合っていた。

9月に三重県動物愛護推進センターで贈呈式があり、受賞したわんちゃんねこちゃんと、その家族が数組、それぞれかかりつけ病院の先生が出席。

贈呈式会場はたくさんの木に囲まれた場所にあって、風で揺れる葉の音を聞いていると、まだ暑さが残る日差しを忘れさせてくれるようだった。

どの犬も猫も高齢だから会場全体に優しくゆったりとした時間が流れているように感じたのは、そこにいた犬や猫の年齢のせいだけではなく、自然豊かなその場所の空気がそう思わせてくれたのかもしれない。


自力で歩くことが難しい大型犬は、ご家族お手製のカートに寝たまま来ていたし、目があまり見えなくなっていた犬は、あちこちぶつかりそうになりながら、ゆっくりゆっくり歩いていて、リードを持っていたおかあさんが、「すいません」と言うと、その場にいた人みんな、

「ゆっくりでいいよぉ」

「えらいねぇ」

と、笑顔で声をかけていた。

みけちゃんは大丈夫やろかとキャリーバッグの中を覗くと……寝てた。

受賞したのは犬の方が大型犬、中型犬、小型犬と各部門あったから参加数も多く、猫は猫部門だけで受賞はみけちゃんともう一人（あえて〝人〟と明記）だけだったような気がする。

受賞した子たちの名前は呼ばれるとステージ横にあったモニターに写真が大きく映し出されるようになっていて、みけちゃんの振り袖姿が映し出されると、笑い声に混ざって「可愛い」の声も聞こえた。

やっぱり、みけちゃんがいるところには笑顔ありやな。

みけちゃん、とうちゃん、かあちゃんの三人でステージに上がり賞状を頂き写真撮影。

そして分かったことが一つあった。

みけちゃんは賞状をいただいたのだけど、もう一人の受賞した猫ちゃんは最高齢の子がもらえる盾をもらっていた。

みけちゃん、まだ上があったよ！

だけど残念ながら、盾をもらった子は贈呈式の前に亡くなってしまったと言っていた。

たくさんの「おめでとう」と「可愛い」の声をかけてもらったみけちゃん、それはそれは嬉しそうに、

「あたし、もうすぐ21歳にゃわ」

と、得意顔。

先生と看護師さん、みんな来てくれて嬉しかったもんね。


なあ、みけちゃん、贈呈式楽しかったなあ。

――あんなにたくさんのわんちゃんがいるところ、初めて見たにゃわ。

そうやなあ。でもさ、誰も吠えてなかったな。

――静かだったにゃの。

っていうか、みけちゃん寝てたんちゃうの?

――メッシュの窓から時々見てたにゃわ。

そうやったんや。ずっと寝てたんかと思ってたわ。

そして2022年。

長寿猫表彰に最優秀賞があることを知ったからには、やっぱりあの盾がほしい。

みけちゃんが24歳の誕生日を迎える二ヶ月前、三年の時を経て応募したらめでたく最優秀賞を受賞。

ちょうどこの頃は新型コロナウイルスが蔓延し3密規制が厳しい時期で、前回の会場『あすまいる』ではなく、かかりつけの病院で先生から盾をいただく形になっていた。

これは我が家にとってラッキー!!

だって病院ならピースとパレオも連れていけるし、家族みんなでお祝いができるってことやん。

前回は振り袖だったみけちゃん、今回はガラッと変えてドレスを着ていき、診療時間が終わるのを病院の駐車場で待機。

みけちゃんのために取ってくれた時間

みけちゃんのために開けてくれた病院

みけちゃんのために残ってくれた看護師さん

かあちゃんの子になってから、ずーーーっと診てくれてる先生から盾をもらい、ピースとパレオも一緒にいて、診察の時いつも抱っこしてくれる看護師さんからの「おめでとう」はやっぱり特別だし嬉しい。

なあ、みけちゃん！

念願の最優秀賞、盾を持って記念撮影。

みけちゃんは、かあちゃんが抱っこして、パレオはとうちゃん。

ピースはキャリーバッグから出られるかな、と心配したけど、抱っこしてくれた看護師さんの腕の中で大人しくしていた。

やっぱり分かるんやなあ。

いつも病院でかけてくれるやさしい声と触れられる手の感触を覚えてるから安心してたんやな。

カレンダーの撮影はキャットタワーのＢＯＸの中だったけど、この時はピースもちゃんと写って、いい家族写真を撮ってもらえたよね。

なあ、みけちゃん、最優秀賞嬉しかったなあ。

――あたしより、かあちゃんが喜んでるにゃわ。

だって嬉しいもん。たくさんの人にお祝いしてもらうのもいいけど、みけちゃんのこと長く診てくれてる先生から「おめでとう」って盾がもらえてよかったな。家族写真も撮れたし。

――かあちゃん、ピースとパレオも応募するにゃわ？

う〜ん、どうかなあ。みけちゃんみたいに大人しくできやんし、長寿猫と言うにはまだ若いやん。

――かあちゃん、ピースとパレオ、猫界では結構なおじさんにゃわわ。

えっ⁉　そうなん。

その後、２０２２年には日本動物愛護協会、24年にはペットフード協会からご長寿表彰の賞状をいただいた。

みけちゃん、賞状いっぱいやな。

みけちゃんが年を重ねるにつれ、何かと心配事も増えてきて、そのたび病院に電話をしたり、病院へ行った時にいろんな相談をしてきた。

「先生、みけちゃん白い毛のところに黒い点々が出てきたんですけど病気かな？」

「おかあさん、これは老化現象。人間でいうところのシミやな」

「へっ⁉　シミ！」

猫にもシミができることに驚いた。

またある時は、

「先生、みけちゃん、なんか足が痛そうなんですけど、どうしたんやろ？」

「おかあさん、これはまあ、人間で言うところの、神経痛やな。みけちゃんもそれなりのお年やでなあ。気候とかであちこち痛みが出たり治ったり、人間と一緒やな」

猫にも神経痛があるんや……。


なあ、みけちゃん、シミはちょっとびっくりしたな。

——かあちゃんは大げさにゃの。心配しすぎにゃわね。
それでもさ、今までなかったものが出てきたり、痛そうにしてたら気になるやん
——かあちゃんもシミあるにゃわ？
うん、ある。いっぱいある。
——病院行くにゃわ？
行くわけないやん。シミくらいで。
——それと一緒にゃわよ。
そういうこと、なんかな。

みけちゃんが23歳くらいになって、初めて知ったことがある。

それはドライブが好きだったこと。

外出する時はキャリーバッグに入れていたのだけど、あまりにも騒ぐからみけちゃんだけの時はファスナーを開けるようにしたら、ご機嫌な顔で外を見ていた。

それ以来、車に乗ると外を見せるようにしていたら、その顔と眼差しはパトロールにゃんこそのもの。

みけちゃんがドライブ好きなこと、もっと早く気づいたらよかったなあ。
そうそう。かあちゃん、あれもよう忘れへんわ。
みけちゃんの『恐怖の襖爪刺し』。
ちょっと寝坊してご飯の時間が遅くなると、
バーンッ!!
って襖に爪を刺して、
「かあ〜〜ちゃ〜〜ん
おきて〜〜
ほら見て〜〜
あたしの爪が襖に刺さってるよ〜〜
いいのかな〜〜
このまま下に〜〜
ズバババババーーッ!

20歳　三重県獣医師会　長寿猫で表彰
たくさんの人にお祝いしてもらったよ

って下ろしたら～

どうなると思うにゃわ～～」

あの時の、みけちゃんの顔はほんまに怖かったで。

でもな、ここ数年、ご飯食べてる時に、

「かあちゃん、ご飯美味しいにゃわ」

って時々振り返るみけちゃんの顔は、めっちゃ可愛かったよ。

お口の周りにご飯いっぱいつけて、時々ポロッとこぼれることもあってさ。

みけちゃんは本当にいろんな顔、いろんな声、いろんな姿でみんなを楽しませ、笑わせてくれて、幸せを振りまいてくれてたよね。

23歳　三重県獣医師会　長寿猫で最優秀賞受賞
ずっとお世話になっている病院で、ピースとパレオも参加して先生と看護師さんにお祝いしてもらえて嬉しかったね

25 みけちゃんとピースとパレオの絆

みけちゃんとピースとパレオはべったりする関係性ではないけど、一つのクッションをシェアしたり、ストーブ前で並んでいたり、体のどこかが触れて寝てることはよくあったから、お互いにほどよい距離感がいいのかもしれない。

だけどみけちゃんたちの間にはしっかりとした絆があることを見せてくれていた。

それはきっと、みけちゃんが愛情を持って弟たちに教え、ピースとパレオはちゃんと受け取っているのだと思う。

居間のホットカーペットで寝ていたみけちゃんの呼吸が浅く、速くなってきた頃、いつもなら夕飯のあとは隣の和室に行っているピースとパレオが揃って居間に来てクッションに乗り、みけちゃんの様子を心配そうに見ていた。

甘えさせてくれたおねえちゃん
遊んでくれたおねえちゃん
時々ペシッと猫パンチしたおねえちゃん
場所の取り合いをしたおねえちゃん
守ってくれたおねえちゃん
いつも一緒にご飯を食べたおねえちゃん
ピースとパレオは大好きなおねえちゃんが天国へ行こうとしていることが分かっているかのように、
「おねえちゃん、ぼくたちここにおるよ。側にいるよ」
と静かに見守っているようだった。

みけちゃんが息を引き取ってから、ピースとパレオは何度も何度もクッションで寝ているみけちゃんを見に来て匂いを嗅いでいた。
おねえちゃんだけど、おねえちゃんじゃない。なんか違うと戸惑っているようでもあり、しっかり見ておこうとしているようでもあり、きっとピースとパレオなりに、いろんな思いで過ごしていたんだと思う。

5月30日

「ピース、パレオ、もう時間やで、おねえちゃん連れて行くわな」

そう言って家を出た数時間後、帰ってきたのは小さくなったみけちゃん。

「ピース、パレオ、ただいま。おねえちゃん、小さくなったけど、姿は見えやんけど、いつだってピースとパレオの側におるでな」

それから三日間くらい、ピースは力のない目で不安そうな顔をして、パレオは目の周りを真っ赤にし、か細い声で、

「おねえちゃんは？」

「かあちゃん、おねえちゃんどこ？」

「おねえちゃん、どこ行ったん？」

「かあちゃん、おねえちゃんおらへんよ」

鳴きながら探し回り、その姿が切なくて辛くて悲しくて、

「ごめんな。おねえちゃんずっとピースとパレオのこと見守っとるでな」

そう声をかけることしかできなかった。

ピースとパレオは十数年という長い月日を一緒に過ごし、突然いなくなってしまったことに心と体がついて行かず、ピースは体中をなめて所々毛が抜けてしまい、パレオは血混じりの液体を吐いた。

思い返してみると、ピースはみけちゃんが亡くなる少し前からあちこち舐めて毛が薄くなり、場所によっては皮フが見えるくらい毛がなくなっていて先生がどんなに手を尽くしてくれても改善せず、少し様子を見ることになったけど、しばらくすると少しずつ毛が生えてきた。

ピースはもう分かっていて必死に受け入れようとしていたのかもしれないと思うと同時に、それだけ心の絆が強かったんだなと感じた。

そしてパレオには胃腸薬を処方してもらい今は改善し元気になっている。

みけちゃんを一日中探し回るという日々はだんだんと落ち着いていき、寝起きとか、ご飯の時とか、ふと何かみけちゃんと過ごした時のことを思い出したような時は探していたけど、ピースとパレオなりに乗り越えようとしている姿を見て、寂しくて辛くて悲しいのは私だけじゃないと思い、今はまずみけちゃんの大切な弟、ピースとパレオの心が落ち着くように私がしっかりせなあかんと日常を少しずつ取り戻すようにした。

ピースは仔猫の時から食が細くて吐きグセもあるし、みけちゃんやパレオと同じように夜食を食べると吐いてしまうから消化のいいペースト状のものとかゼリータイプのものをほんの少量だけあげていた。けれど、気持ちが落ち着いてきた頃からあまりにも夜食を欲しがるから、「少しだけな」とパレオと同じカリカリをあげてみると喜んで食べ、数時間経っても吐かないようになり、それどころか、ご飯も「もっと欲しい、もっと頂戴」と、年齢適量を食べ、さらに今もまだ用意しているみけちゃんのご飯まで食べるようになっていた。

みけちゃんはいつも、ピースが残したご飯を食べていたのだけど、今はピースが同じことをしている。

今まで一度もそんなことしてないから、きっとみけちゃんが、

「ピースは食が細いからもっとしっかり食べるにゃわ」

と言い残していったんだろうな。

25 みけちゃんとピースとパレオの絆

みけちゃんが天国へ行って少し日が経った頃。一日中庭にいたハグロトンボを見ていたピースとパレオ。大好きなおねえちゃんがハグロトンボの姿を借りて来ていたのかな

うん、きっとそうやな。

パレオは仔猫の時、おなかに虫を連れてきたこともあって、今もとにかく胃腸が弱い。気圧やお天気の影響ですぐに体調を崩すし、何でも食べようとするから目が離せないし手がかかる。

そしてまだ目も開けてない時に保護され、初めて見えるようになった時には親猫ではなく人に育てられていたことも影響していると思うのだけど、猫社会のことを全く知らない。

みけちゃんやピースに甘えたいのだけど、体当たりしたり嚙みついたり、とにかく甘え方が雑というか下手。

上から覆い被(かぶ)さったり両手でつかみかかろうとしたりするから側を通るだけで「シャー！」と言われることもある。

そんなパレオだけど、みけちゃんがいなくなってから静かにピースと並んで外を見ていたり、激しい甘え方をして怒られることがずいぶん少なくなったように思う。

全くしなくなったわけじゃないけど、少し成長した感じがするのは、

「パレオは甘え方が激しすぎるからピースが嫌がるにゃわ。激しいのは、とうちゃんとかあちゃんにしてピースには静かにそうっとにゃわ」

と、同じように言い聞かされたんだと思っている。

みけちゃんとパレオはいつも私の布団で寝ていて、ピースはとうちゃんと寝ているのだけど、パレオだけになってしまった私の布団にピースが来るようになり、しばらく枕元で寝てくれていた。

ただ敷いてあるだけの布団に、みけちゃん、ピース、パレオが乗っていることがあったけど、添い寝してくれたのは初めてだったから驚いたと同時に、これはたぶん、みけちゃんがピースに言ってくれたんだろうな。

「かあちゃんが寂しくなるから少しの間、あたしのかわりに側で寝てあげてにゃわ」

と。

みけちゃんが居なくなって三週間くらい経った頃だったかな。

庭にハグロトンボが飛んでいた。

この日は朝から雨が降ったりやんだりしていて、雨のやみ間に葉から葉へ、木から木へふわふわ飛んでいるハグロトンボをピースとパレオが並んでじっと見ていた。

外が薄暗くなりその姿が見えなくなっても、ピースとパレオはその場から離れようとしなかったから、ハグロトンボの姿を借りたみけちゃんだったんじゃないかなと思っている。

「おねえちゃん、ぼくたち、もう大丈夫だよ。心配しないで」

と言ってたのかもしれない。


なあ、みけちゃん、最近ピースがものすごく甘えん坊になってな、一日中、ピーピー、ピーピー、ミィミィ、ミィミィ鳴いて甘えてるよ。

いつも一緒にいたみけちゃんがいなくなって寂しいんやな。

パレオは相変わらずおなかが弱いけど、気圧とかお天気が快適な時は一人でハイテンションになって走り回ってるの。

それとな、最近パレオ、かあちゃんが椅子に座ってると足元で寝てることがあるの。

みけちゃんがいつもしてたことよく見てて真似(まね)してるんやなあ。

やっぱりさ、名は体を表すって言うやん。

名前付けたのはかあちゃんやけど、ピーピー鳴く『ピース』、気候がいい時と悪い時のギャップが分かりやすいパレオは漢字で書いたら『晴男』。

そしてみけちゃんは、漢字で書くと『美毛』。

名前の通り育ったなあ。

みけちゃんは25歳までずっと、ほぼ歯が残っていて、カリカリだって美味しそうに食べるし吐いたことは二十五年間で数回しかなかったように思う。

胃腸が丈夫で性格もおおらかだったみけちゃんに比べて、ピースとパレオは二人揃って一人前。〃ニコイチ〃ってことやな。

二人でも、みけちゃんには及ばんかもしれやんけどね。

窓際に立ち外を眺めるみけちゃんとパレオ。
みけちゃん、ちょっと背が足りてない

エピローグ　天国のみけちゃんへ

5月10日

『25歳のみけちゃん』を読んでくれた小学館の編集担当、Kさんからメールがきた。

「みけちゃん、最高です。そしてかあちゃんの村上さんも!!　私もぜひ、みけちゃんの本、作りたいです。……みけちゃんとピース、パレオにも登場してもらって」と。

いやいや、ちょっと待って。

有り難いよ。ドキドキの初エッセイの反応はものすごく気になっていたし、それが面白い、いいと思ってもらえたわけだからこんなに嬉しいことはない。

そやかて、うーん。

なあ、みけちゃん、どう思う?

――かあちゃん、大丈夫にゃわ。

大丈夫って、みけちゃん……。

――書くにゃわよ。

そうやなあ、みけちゃんがそう言うんやったら……。

みけちゃんに背中を押され書く決心をしたものの、
ああ、かわい♪
みけちゃん可愛いなあ、ばかり。

あかん、フリーズや。

やっぱり打ち合わせをしてから方向性決めて考えよ。

何度かメールのやりとりをして打ち合わせの日は6月14日に決まったけど、何もない0（ゼロ）からではあかんなと思い、みけちゃんと出会った時からのことを思い返してみた。

なあ、みけちゃん。書けるやろか。

――かあちゃんは心配性にゃわね。

そう言われても……。

――かあちゃん、ファイトにゃわ。

せやな、頑張る。


みけちゃんに励ましてもらい、よしっ!! と気持ちを切り替えた矢先、まさかみけちゃんが私の元からいなくなるなんて……。


出版社のロビーでKさんと待ち合わせをしてカフェに移動し、おすすめだと教えてもらったマロンケーキを注文したあと軽く世間話をしながらエッセイの本題に入った頃、ケーキセットが来たので中断。

私は中にアイスが入っている限定ものを注文。

ふわっとしたクリームとアイスが口の中に広がり思わず笑みがこぼれた。

うっま!

やっぱり都会のデザートは違うなあ。

お洒落やわ。

なんてのんきなティータイムを過ごしている場合じゃない。

打ち合わせや、打ち合わせ。

みけちゃんのこれまでのこと、私とみけちゃんのことなどいろんな話をしていたら、堪えきれなくなって視界がにじみ出した。

あかんあかん、今日は打ち合わせなんや。泣いたらあかん。

涙をごまかすようにケーキを口に運んでも一度緩んだ涙腺はそう簡単に締まらない。

ふと前を向くと編集担当さんも一緒に泣いてくれていた。

二人してケーキを食べながら泣いた。

そして思った。私の気持ちに寄り添ってくれるこの編集担当さんとなら、このエッセイ、きっとうまくいく。ちゃんと向き合って書けるはずだと。

場所をカフェからフレンチのお店に移し、さらに細かく打ち合わせをしていると、ガラスの向こうにトラ猫が歩いて行きチラッとこちらを見た。

出張に行くと猫によく出会うのだけど、これはきっと、私がちゃんと仕事をしているか我が子たちがネットワークを使って偵察をしているのだと思っている。

だからこの時もおそらく、

「食べてばっかりおらんとしっかり打ち合わせせなあかんにゃわ」

と、みけちゃんから伝言を聞いた子だったんじゃないかな。


そしてまだ残暑が厳しい9月。

みけちゃんに力も借り寄り添ってもらいながら、やっとの思いでこのエッセイを書き上げた。

みけちゃん、おはよう
みけちゃん、今日はいいお天気やで
みけちゃん、かあちゃんお買い物いってくるわ
みけちゃん、何しとんの？
みけちゃん、日向ぼっこする？
みけちゃん、お散歩行こか

みけちゃん、ご飯にする？
みけちゃん、ねんねしとんの？
みけちゃん、かあちゃんとモフモフタイムしよか
みけちゃん、可愛いなあ
みけちゃん、おむつ交換しよっか
みけちゃん、抱っこしよっか
みけちゃん、どこいくの？
みけちゃん、みけちゃん、みけちゃん、
なあ、みけちゃん……。

なあ、みけちゃん、かあちゃん夢を見たよ。

リュックが急に重くなって、なんやろ？　と思いながら下ろして中を見たら、みけちゃんが入っていた。

まあんまるで、若い頃のふくふくした姿でな、おなかが空いたっていいながら家でご飯を食べてたよ。

それからな、みけちゃんが枕元に来て、かあちゃんの顔をじっと見てたから、いつものように、布団をめくって「おいで」って声かけたら入ってきて、久しぶりに腕枕で寝てた。

でもこれって夢やったんかな。

みけちゃん、ほんまに来てたんかもしれへんな。


そいでな、かあちゃん時々椅子に座ったままウトウトしてるやろ。

背もたれにもたれて仰向けでウトウトしてたら、みけちゃんが上からのぞき込んできて目が覚めたよ。

首がな、イテテテってなってたわ。

みけちゃん、起こしてくれてありがとうな。


いつもそうしていたように、足にコツンとしてきたりさ、日課やったウォーキングしてる姿を一瞬だけ見せてくれたりさ、みけちゃん時々帰ってきてくれてるんやなって、かあちゃん感じることあるよ。

たぶんやけど、ピースとパレオにはもっと頻繁に見えたり感じたりしてると思うの。

嬉しそうに急に走り出したり、時にはかあちゃんやとうちゃんを呼びに来るもん。あれはきっと、

「おねえちゃんおるよ。帰ってきてるよ」

って言いたいんやと思う。

とうちゃんが、

「いいなあ、あんたばっかり夢にみけちゃんが出てきて。おれのところには来てくれへんわ」

って言うてたけど、昨日と一昨日(おととい)、二日続けてきてくれたって喜んでたよ。

みけちゃん抱っこしようとしたら逃げられたんやって。

あ、逃げたと言えば、みけちゃん、とうちゃんがおむつを交換しようとすると、いつも逃げてたんやってなあ。

とうちゃん、下手やったん？

もう一つはな、みけちゃんが一人で庭を散歩してたんやって。それでかあちゃんに、みけちゃん一人やけどいいの？　って言ったら、かあちゃんが、いいよって返事したって言うてた。

もしかしてみけちゃん、時々庭に来てるんかな。

なあ、みけちゃん、みけちゃんさあ、18歳の時やったかな。初めて『てんかん発作』起こしたやん。

とうちゃんとかあちゃん、みけちゃんが死んでしまう！　ってすっごくびっくりして焦って、どうしていいか分からなくて、ずっとみけちゃん、みけちゃんって声をかけてたよ。

ピースとパレオもパニックになってさ、怖かったんだと思うよ。だって大好きなおねえちゃんが痙攣（けいれん）して口から泡噴いてたんやもん。

それから何回か発作があったけど、予防薬を飲むようになってからずいぶん軽減したよね。

歯茎の中に膿が溜まるようになったのは20歳過ぎてからやったかな。

「あら？　みけちゃんのお顔が腫れてるやん」って気づいた時には自分でこすって潰して治そうとしてたなあ。

病院へ行って先生に診てもらいお薬もらって完治。

これも何回か繰り返したけど、かあちゃんも気づくの早くなってきてたし、毎回綺麗に治ってたから先生と看護師さん感心してたよね。

「高齢の子は特にやけど、こんなに繰り返してたら歯が抜けるのに、みけちゃんは抜けやんってすごいなあ。治癒力があるんやなあ」って言われてたもんね。

やっぱりさあ、いつまでも美味しいご飯をカリポリ食べるには歯が大事やもんな。


23歳になった時に夜鳴きが始まって、みけちゃん認知症になったんかと思ったよ。30分くらいで静かになることもあったけど、1時間くらい大きな声で鳴きながら部屋中を歩き回って、少し静かになったかなと思うとまた鳴いて。

抱っこしてもダメで、さすがに四日間続いた時は、かあちゃんちょっとしんどいなって先生に相談したんやったよね。

そしたら先生、

「その症状は認知症じゃないなあ。高齢になってきて耳が聞こえにくくなってきたから夜みんなが寝て静かになると不安になるんやな。人間は自分が老いてきてること理解できるけど、この子たちは、なんか今までと違うなって不安に感じて鳴くでな」

みけちゃん、かあちゃんあの時は覚悟せなあかんと思ったけどちょっと安心したよ。

それからは夜鳴きが始まると抱っこして、「大丈夫、大丈夫」って声かけしてたらいつの間にか治まっていて、その後夜鳴きすることは無かったよね。


だけど入れ替わるように今度は腎臓の機能が弱くなって、おしっこがうまく出せなくなってきて、トイレに入っても少ししか出なくて、何度も何度も出たり入ったり。

みけちゃん自身も気持ちが悪いから、度々かあちゃんの顔を見ては「にゃあ」と鳴いてたよね。

もうどこでもいいから出そうになったらすればいいと思って、閉め切った6畳の和室一面に新聞を敷き詰めたら、みけちゃん安心したようにあちこちでちょこっとずつ出していたよね。

すぐ病院に連絡をするかあちゃん、この時もやっぱり電話をして相談したよ。

「みけちゃんはもう23歳やし、腎臓の機能が弱くなってくるのは普通やでな。お薬で調整しとこか」

と言われて、お薬と一緒におむつデビューしたんやったな。

かあちゃんさあ、みけちゃんおむつしてくれるかなあって心配したけど、全くもって心配無用やったよなあ。

「あたし、おむつするにゃわ？」

って、すんなり受け入れてくれたもん。

ぷりぷりしたおむつ姿、すっごく、ほんとうに可愛かったよ。


なあ、みけちゃん、爪とぎ用に、麻紐タイプと段ボールタイプを置いてあったけど、みけちゃんは時々タイルカーペットでもする時があったやろ。

少しでもふわふわがいいかと思って、最初はループパイルのものを買ったけど、みけちゃん爪を引っかけてしまって、

「かあちゃん、あたし動けへんにゃわ」

って、かあちゃんの顔見てたことあったよね。

すぐに気づかなくて、

「みけちゃん、どうしたん？」

「みけちゃん、可愛いなあ」

なんてのんきなこと言うてたら、

「にゃああ！」

って引っかかってる手を伸ばして教えてくれたことあったなあ。

かあちゃん急いで外したけど、これは危険やと思って全部カットパイルに買い換えたんやったわ。

ちょっとのふわふわより安全第一やもんな。


なあ、みけちゃん、11月で25歳になったばかりの時は体重が2・1キロあってそのままずっとキープしてたけど、3月に入った頃には2キロになってたやろ。

先生にも、

「ここまで大きな病気もケガもせず元気でいてくれたんやで、ゆっくりすごして、これ以上体重が落ちないように、2キロをキープできるように好きなものを食べさせたって。体力をつけることを優先せなあかんでな」

って言われて、かあちゃんいろんなご飯とかおやつ買いそろえて、みけちゃんどれがいい？　ってバイキング形式にしてたこともあったなあ。

元気にお正月を迎えてホッとしていたけど、少しずつ食べる量が減っていることは気になっていたから、先生の言葉がものすごくズシンとのしかかった。

一回に食べられる量が減ったから、決まった時間だけじゃなくて、みけちゃんが「おなか空いた」と言えば夜中であろうとなんであろうと好きな時間に食べさせるようにしてたもんね。


それでも食べる量はどんどん減っていき、おしっこの量も、おむつ交換の回数も減って、みけちゃんが目に見えて痩せていくのが分かり、4月には1・8キロになっていた。

体重が少しでも増えるように、戻るように願って、猫用のご飯やおやつだけに限らず、大好きなクロワッサンや減塩バターを塗ったパンなど、欲しがるものをあげすぎないよう気をつけながら食べさせていた。

だけどみけちゃんの体重は増えることはなく、考えたくはなかったけど、

『もしかしたら夏まで持たへんかも……』

と頭をよぎることがあった。

それでも、

『いやいやいや、そんなはずはない。だってみけちゃん元気やもん。量は減ったけどちゃんと食べてるし毎日歩いてるしテーブルにだって上がってるもん』

そうやって思い込もうとしていたよ。

だけど、みけちゃんは違ったんだと思う。

かあちゃんよりずっとしっかり現実を見ていて、いま思えばみけちゃんは天国へ行く準備をしていた気がする。

いつも私と寝ていたし、真夏だってぴたっとくっついて寝ていたのに、この冬はいつの間にか布団から出てクッションで寝ていたり、最初から入ってこなかったり、とにかく今までと違う行動をしていたから、

「なんでかなあ。みけちゃん、かあちゃんのこと嫌いになったんやろか」

と思ったりした。

しばらく行ってなかった離れに行き、寛ぐのかと思ったらそうではなくて、部屋の中と外の景色を見てすぐ母屋に戻り、同じように仕事部屋にも入って窓の外を見ていた。

天国へ行っても、帰ってくる時迷わないよう記憶しておこうと、あちこち見ていたんじゃないかな。

そしてうしろをついて歩く私を見て、

「んにゃあ」

と鳴いた。


みけちゃんの食べる量が減ってきて体重も落ちてきてから、かあちゃんは病院へ行くたび、今まで以上にみけちゃんのこと、些細(ささい)なことでも先生や看護師さんに話すようにしたよ。

忙しそうな時はちょっと遠慮したけどね。

その時な、

「どんなにお世話していても、亡くなった時は必ず後悔することが出てくる。それは直近だけじゃなくて、何年もさかのぼって『あの時もっとこうしてれば』って」

かあちゃんな、みけちゃんがいなくなった今、あの時、看護師さんがかけてくれた言葉にものすごく救われてる気がするの。

せやけどな、みけちゃん。

かあちゃんやっぱりもっともっと一緒にいたかったし、介護もさせてほしかったよ。

おむつするようになって、おしっこする時も前みたいに尻尾が上がらず下がったままで、歩いてる時の足取りも弱々しくなってきてたから、寝たきりになったら今使ってるクッションやベッドじゃなくて、おねえちゃん大好きパレオが入ってこないようにペット用カートを買わなあかんなあ、どんなんが寝心地いいかなあって色々見てたんやで。

おむつ交換したあと、ものすごく軽くなったみけちゃんを抱っこしてたらそのまま寝てしまうこともあったよね。

かあちゃん、「あらら、寝ちゃった」と思いながら、みけちゃんの可愛い寝顔見てたのすごく幸せやったよ。

夜中におむつ交換した時は、みけちゃんを抱っこしたまま、かあちゃんが寝てしまうこともあったなあ。

そうするとさ、みけちゃんが「ん〜」って動いてかあちゃんを起こしてたよね。

とうちゃんも、ピースもパレオも知らへん、二人だけの時間やったなあ。

もっともっと、そんな時間が続くと思っていたけど、

「あたしちょっと見てくるにゃわ」

というように、私の愛おしいみけちゃんは、ぴょんっと天国へ行ってしまった。


私は物心ついた頃から約二十二年間、継母から虐待を受け学校ではイジメに遭ってきた。

そのせいもあって、人を、本当の意味で信じられず、気持ちも、思っていることもうまく言えず、人の顔色ばかり気にして過ごしてきた。

二十五年前のあの日、何故(なぜ)みけちゃんが6階の私の部屋を選んで入ってきたのか。

他にもドアを全開している部屋はあったのに。

今でも本当に不思議だけど、私はみけちゃんに愛情を注ぐことでみけちゃんに救われ守られて、みけちゃんは二十五年かけて私の人生を明るい方へ塗り替えてくれたんだと思っている。


情が厚くて愛情が深く、弟想いで責任感が強い。

おおらかで物怖じしなくて社交的で、可愛くて品があって、とってもチャーミングなみけちゃん。

なあ、みけちゃん、かあちゃんな、みけちゃんのおかげで幸福度爆上がりやわ。

それからな、ブラッシングで抜けたみけちゃんの毛でキーホルダーとペンダント、それからリングも作ったよ。

あ、かあちゃんが作ったんとちゃうよ。

オーダーしたんやで。

かあちゃん、いつでもみけちゃんと一緒やでな。

あとな、みけちゃんお手々でぺたんって肉球印つけたやん。

かあちゃん、みけちゃんが付けた実寸の肉球でゴム印作ったからサインする時使ってるよ。

みけちゃん、かあちゃんにいっぱい宝物を残してくれて、ほんとにほんとに、本当にありがとう。

みけちゃん、大、大、大、だーい好きやで。
大好きとありがとうが渋滞して、どんなに言うても言い足りやへんわ。

どんな衣装も着こなしたみけちゃん

大好きなみけちゃん、25年間ありがとう
ずっとずっと忘れないよ

村上しいこ

三重県生まれ。
『かめきちのおまかせ自由研究』で日本児童文学者協会新人賞受賞。
『れいぞうこのなつやすみ』でひろすけ童話賞受賞。
『うたうとは小さないのちひろいあげ』で野間児童文芸賞受賞。
『なりたいわたし』で産経児童出版文化賞ニッポン放送賞。
その他の著書に『25歳のみけちゃん』、『死にたい、ですか』、
『あえてよかった』など多数。

STAFF

撮　影／村上しいこ
デザイン／山下知子
編　集／片江佳葉子（小学館）

みけちゃん永遠物語

にゃん生〝はなまる〟にゃわ

2025年2月10日　初版第一刷発行

著　者　村上しいこ

発行人　石川和男
発行所　株式会社小学館
〒101-8001
東京都千代田区一ツ橋2-3-1
電話　03-3230-5827（編集）
03-5281-3555（販売）

印　刷　大日本印刷株式会社
製　本　株式会社若林製本工場

ISBN978-4-09-389186-8

お誕生日おめでとう！

みけちゃん 25歳を迎えた日

お気に入りの
クッションでのんびり

肉球
ぷにゅぷにゅ

バターたっぷりパンは
姉弟で取り合い

離れの縁側で
並んで日向ぼっこ

人工芝を敷いてみけちゃんの撮影場所を作ったよ

いつも話を聞いてくれた頼りになるみけちゃん

みけちゃんから《にゃん生の心得》

美味しいご飯とおやつ、
楽しいお喋りと散歩は大事にゃの。
日向ぼっこもにゃわ。